風格小店
陳列術

改變**空間氛圍**、營造**消費情境**
157種提高銷售的**商品佈置法則**

La Vie
Life Is a Design

PART1 商品陳列的15個基本認識

Contents

PART2　陳列技巧大蒐羅

商品陳列的15個基本認識

...1 陳列與展示

　　一般來說，商品陳列都不排斥顧客碰觸商品。不過為了避免單價高、易碎的商品在顧客觸摸時發生損壞，導致爭議。一般都會將此類商品放置在玻璃櫃或壓克力罩中，阻隔顧客直接碰觸，並會搭配文字說明加強宣導。當顧客想進一步參考商品質感時，再請店員取出。

　　將商品密閉地展示，有助保護商

品，不過也阻斷了顧客與商品互動的機會。若不想讓商品以密閉的方式呈現，也可以利用陳列小技巧，限制顧客觀看商品的角度，以減少觸碰的機率，像是將食器類的物件用立架架高而非堆疊平放、在該區塊的地面前方，放置較大型的物品，自然會較難以靠近，減少觸碰頻率。

...2 陳列的易取性

商品間距與商品放置數量，是顧客是否方便拿取陳列商品的重要因素。不過這並沒有統一的準則，必須依照商品屬性，不斷嘗試出最適合的效果。通常商品在陳列時，會希望顧客盡可能與商品進行互動。

擺放在視平線位置的商品，因為顧客最方便觀看，因此互動機率較高，此時可以把間距排得較寬，給顧客輕鬆平易的感覺，若高於視平線又不希望顧客碰的東西，間距就可以擺放較緊密些。此外也需考量商品本質，文具類的小物件可以擺得稍多，中高單價的設計品則須保留一定的空間讓商品說話。

不過店家有時會犯的毛病，就是把商品排得太擠，希望盡可能呈現。此時反而會讓顧客不知道要拿什麼，因此就會減少拿取的頻率。因此商品也不需要一次陳列得太滿，可依照狀況，觀察顧客的反應，再調整商品陳列的數量。

...3 銷售空間的分區規劃

每一家店鋪對於自家空間分區的規畫各有不同的想像。有些則會依照商品的功能性或是外包裝，規劃各區塊的商品擺放位置。有些店鋪則考量商

品價格，將單價低的商品陳列在店頭周邊，依照走逛動線，逐漸變化商品的單價，藉此引導客戶走入店鋪深處。

在進行分區規畫時，通常可以從大到小，確認商品的類型與品項後，將整個店鋪區分為幾個相對應的大區塊，再逐漸加入桌椅、櫃架等家具，預想商品分區的同時，店鋪動線的設計也會愈來愈清晰。

大部分的店鋪，都會依循同樣的商品分區邏輯。不論是以品牌、功能性、色彩、風格，或是價格。如果希望顧客方便查找商品，便可以依照商品的品牌、或是功能進行分區；若考量的是商品陳列後的美感氛圍，也可將所有商品打亂，純粹以造型或色彩變化各個區域的陳列。但建議不要混淆各種陳列邏輯，這樣會容易讓顧客無法找到它們想看的商品，也無法確認店鋪的風格或定位。

Design Butik

留白是北歐風格中很重要的一個元素，講究乾淨，儘量做留白，儘量讓他有空間感。但所謂的留白並不是只能白色，鵝黃色的牆面也是留白，讓它不雜亂，呈現乾淨風格。一但背景乾淨，空間中的物品就會變得更加明顯。

...4 引導顧客走逛動線的陳列

一般建議，可將收銀台設定在能夠總覽全店空間的位置。以降低商品被竊或受損的可能，而在顧客需要服務時，也能較快提供協助。如果店鋪空間充裕的話，要盡可能讓走道維持舒適的寬度，若可以維持2.5人帶著包包經過而不會撞倒的走道寬度，即非常理想。

一般顧客進入店鋪後，若收銀檯台在店頭的附近，顧客多半會朝收銀台的「反方向」開始走逛，在規畫動線時便可利用這點來模擬顧客的路徑。若店鋪空間夠大，想要引導顧客前進的路線，此時便則可利用家具或櫃架的擺放位置，調整走道的寬窄的方式，顧客自然會朝空間較大的地方走去。

不過，在規劃動線時，除了留意如何讓顧客走的舒適，更重要的是要怎麼讓顧客停下腳步注意商品。為了避免視覺疲乏，建議可以讓每一個區塊、櫃架或是桌面的陳列，都有一個主題或陳列上的亮點，避免畫面重複地無限延伸，縱使動線很順，但若顧客不想逛下去也是徒然。

...5 黃金陳列區的陳列

黃金陳列區的銷售力道強,此區的商品周轉率會較高。如果加入主題或是策展的變化,讓每次來訪的顧客感受到新鮮感,便能穩定地提高商品的銷售。黃金陳列區一般會位於店頭或是櫃台附近的醒目區塊,也就是說愈容易讓顧者在走入店內或結帳時注意到商品的地方,愈有可能成為黃金陳列區。

然而,擺放在黃金陳列區的商品,

...6 如何補救銷售表現差的區域

　　若發現某區塊的銷售表現特別差，可先試著找到問題的根源。若受限於陳列的位置，則可調整商品的佈局。譬如放置於高處層架上的品項，如果店鋪空間較大，就很有可能會導致銷售成績不佳。此時若將商品移置一般平台上，搭配企劃主題包裝，就可以有效衝高銷售量。

　　但業績不好有時也可能是動線或環境的問題。譬如偏離主要動線的畸零地，就很難引導顧客走去。如果改善環境狀況後，還是無法提高銷售，或許也可以考慮改變該區塊的功能。既然無法銷售商品，何不轉換為休息區、飲料吧，或純粹營造一個情境或氛圍的感受，轉變該區域的目的，改以另一種方式讓顧客停下腳步。

也需要考量其價格。若刻意在黃金陳列區擺放價格過高的商品，卻也未必都能提高銷售量。特別是單價愈高的商品，衝動消費的機率較低，顧客往往會花更多時間，檢查確認商品的品質後，再行買單。

...7 道具的運用

布、絲巾、小木盒、壓克力展架、盤、碟等小物，都是生活中常見，且可多加運用的陳列道具。搭配道具，可以加強陳列的立體感，或渲染變化陳列氛圍。譬如在商品下方，加入盤、布或是大小展示台的襯墊，便能在陳列中加入色彩對比，或增加商品高度，讓商品更容易受到顧客的關注。其他像是書本也能在陳列中帶來文藝、清新的氣質。乾燥花或是植栽，則能讓陳列顯得更具生活感。若是從變化氛圍的角度，去思考道具的搭配，則充滿無限可能。

...8 材質、大小與色彩的搭配

基本上還是要回到商品的特色去思考，看是要延伸商品的特色，或是製造反差。像是工藝品便很適合與老件進行搭配，因為都很有歷史的痕跡。玻璃製商品則可以放在玻璃櫃中陳列，搭配乾淨的背景色，便能延伸視覺的通透感。黃銅金屬類的商品，若

QUOTE Select Shop

台灣的消費族群愈來愈成熟，他們反而更在乎「稀有性」跟「特別性」；顧客愈來愈在乎「獨有性」和「品味」，希望透過品味來傳達獨特的生活方式。如果顧客覺得對生活是有幫助、加分的，價格並非主要考量！

同時擺放太多，便很容易失去焦點。建議可以一次只放一到兩個，局部點綴，搭配大理石或原木桌材質的桌面，對比材質的差異。

深色搭配淺色是常用的配色基礎，加入深色的背景便能讓淺色商品更為突顯。一般最常見的便是布匹或木頭材質的道具。其中比較特別的是純白餐瓷，白色餐瓷並沒有想像中那麼好搭，特別是當商品訴求俐落簡約的造型美感時，與有顏色的餐具搭在一起反而不見得好搭。在這種情況下，反而最好搭配的是同類材質，就儘量讓陳列的表現維持大面積的白色。

...9 怎麼找到最合適自己的陳列規則

有些創業者，是在開店時就有基本想法。因此會很清楚依循他們想要的風格進行陳列，不過所有的陳列都需要不停嘗試。尤其是因為商品的大小跟造型都會隨著進貨而有所變化，一直套用相同的規則，就無法表現出商品的特色。

而每一家店的陳列風格其實都各不相同，或多或少都會加入陳列者的概念或是個性。因此當初學者要進行商品陳列時，會需要多多觀察，累積設

計的感受，才能慢慢掌握適合自家店鋪的表現。有些具有規模或體系的商家，甚至會安排商品陳列的教育訓練，要等到測驗通過後，才可以進行商品陳列。

在尋找陳列靈感時，可以多多參考國內外的網站，或是實際多逛商店，不一定要限制風格，多觀察不同風格的陳列，也可以為自己帶來靈感。然而，最重要的功課，就是自己要實際試擺。可以選定一張桌面，設定好要陳列的商品以及數量，然後試著實際陳列，練習的過程也可讓自己認識商品的特性，練習後的成品更可以拍照留存，用自己的雙眼，感受陳列的畫面是否符合想表現的效果！

...10 價格標籤的呈現

常見的價格標示方式就是豆豆標。因為體積小，也可節省陳列空間。不過每家店的風格各不大相同，從價格標籤的呈現，也可反映出不同店鋪的經營理念。有些店鋪，認為豆豆標不夠美觀，且強調顧客可以直接拿取觸摸商品，因此傾向將價格以白色標籤貼在商品不顯眼處。訴求商品手感工藝的店鋪，也可以使用標籤，加入創作者大名、作品名與價錢，銷售商品時也引導顧客加入對於創作者情感層面的想像。比較特別的是，也有店鋪刻意不加入任何價格標示，因為不希望顧客一開始就以價格論定商品。而是傾向以對話介紹方式說明商品的背後故事，待顧客有興趣後，再帶到售價。

...11 營造情境

有愈來愈多的店鋪，擺脫傳統把商品放滿放好的思維，訴求情境的營造，讓顧客感受商品的魅力，藉此引導顧客想像購入商品後，可以怎樣應用或在日常生活中帶來什麼改變？

訴求情境與氛圍的陳列，重點要讓顧客能從畫面產生想像，除了講究陳

列，燈光更是一個能夠大幅改變氛圍的關鍵因素。常見形塑空間氛圍的方式，是在相對昏暗的陳列場景中，加入一個蠟燭或燈箱的發光體。而不是直接把光線打在想強調的商品上。光線的間接渲染，較能喧染出空間中的情境。

而陳列情境的營造，其實需要很多次的練習與嘗試。建議完成陳列後，可以用拍照的方式，確認搭建出來的陳列是否符合理想的情境。拍照時也可多變化角度，逐漸確認是否還有可以調整的空間。而當完成陳列的設計時，亦可將拍好的照片上傳FB分享，除了當作行銷的材料，也可觀察顧客的回應。

...12 消費者觀看商品陳列時，最在乎什麼？

每一個消費者在觀看商品時，在意的特色各不相同。首先顧客在觀看商品陳列時，一定會先以自己適合或喜歡的風格（類型）為主，如果不對顧客的胃口，很可能連觸摸商品的機會

特別來此拜訪的族群。因此未必有需要特別利用櫥窗招攬過路客，但如果想吸引過路客，建議在商品的擺放上，就要先挑出能讓人快速辨識的店鋪定位的商品。

在櫥窗的陳列上，也可多運用情境式的搭建吸引過路族群的目光。不過情境的搭建，還是要以商品為主體，若太過強調氛圍，觀看時無法連接到商品則是徒然，畢竟櫥窗能呈現的空間與範圍有限，還是要由具體的商品去思考，比較有效益。特別是其中色彩的表現，尤其重要。只要商品色彩夠顯眼，吸引路人注意的機率就更大。

都沒有，這表示該顧客就不是你的客群。但一般來說，陳列的互動性、新奇與趣味感都很能吸引顧客的注意，像是可以挑選字體印製的卡片、或是會動會發光的商品，就很容易吸引顧客的目光。因此一定要在陳列時就把特色展現出來。也有些顧客，在意的是商品的質感，針對這些顧客，便要能突顯商品的設計、造型甚至是其功能性的巧思，此類顧客便容易受情境式的陳列吸引，在類生活化的場景中，引導顧客想像並認識商品在日常生活中所扮演的角色。

...13 櫥窗陳列

每家店鋪的客群各不相同，如果顧客是先從網路認識店家，通常是願意

...14 更換商品陳列的週期

平均約一個月更換一次陳列是基本的週期，如果商品周轉率高，新品進來的時間快，變化陳列的週期則可以更短。某些店鋪甚至會以季為單位，全店大改商品的分區佈局，花費許多心力與精神，改動大件家具的位置。

花費心力與精神，讓老客戶有新鮮感是很重要的事情，另方面也可藉此檢視舊有的陳列邏輯是否有改善的空間。如果自己開立的店鋪商品定位不清，一年至終始終沒有變化，這樣下

...15 加入策展概念的陳列

將店鋪中的商品以主題企劃,甚至是策展的形式包裝,也有助於提供顧客新鮮感。企劃或策展的陳列方式,也有機會讓原本被放置在不顯眼地方的商品,能夠被放置在較顯眼的地方,以刺激買氣。而在規畫主題時,也可能會發現店內的品項有所缺乏,此時或也可以考慮與其他品牌或是店鋪合作,以店中店的方式,規劃主題。對於單打獨鬥的風格小店來說,店中店或快閃的伙伴關係,讓自己有機會參與其他的店鋪或品牌的經驗,也有助於讓自己的商品流通或觸及到自己未曾想像的客群!

THE TOWN CRIER

如果賣的是生活道具,也可以經常在店內使用有在販售的商品。畢竟顧客買回去就是要在生活中看且用得舒服,在店裡使用商品,也有助於讓顧客了解商品特色的勸敗法。

去就無法與其他商店做出區隔,隨著時間過去,就很容易會被消費者淘汰。

PART2
陳列技巧大蒐羅

#圖書、文具
#廚房用品
#清潔用品
#服飾與配件
#生活用品
#家具
#家飾
#食品
#藝術精品

運用商品進行空間裝飾
— Apartment

創立於2012年的Apartment，除了販售生活雜貨
之外，更提供家具製作的服務。Alfie與Heydi兩人
從日常生活概念出發，嚴選相關居家生活用品、國
內外藝術與工藝用品及古董老件等，藉由物件輔佐
生活上的細節點滴，傳遞美好每一天的理想日常。
店鋪空間雖只有15坪大，不過積極舉辦手工藝課程
與相關展覽。特別的是店內運用大量植栽與乾燥花
搭配陳列，營造出舒適自然的放鬆空間。

022
023

Apartment

2016 年 7 月後，店鋪將搬遷至新址：
台中市西區中美街 612 號

網 址
http://www.apartmentshop.co /
https://www.facebook.com/apartment.tw

店 鋪 坪 數
15 坪

該 店 販 售 品 項
約 250 ～ 350 項

風格與陳列
的佈局

散落在店中各處的大小物件都是商品，同時也
點綴了店鋪的氣質。

用色彩與櫃架高度傳遞暗示

　　店鋪主要分為前半段的設計商品
區，以及後半段的居家生活區。兩大
區塊的訴求與概念各異，在陳列空間
上的表現也有所不同。靠近店頭的前
半段設計商品區，搭配的是灰色牆
面，由於此區塊大多陳列設計商品，
商品的氣質原本就比較冷冽，因此搭
配灰色的牆面，可以形塑出專業、現
代的感覺。此處的櫃架，各層架的間
隔高度也特別加高，某些商品的陳列
更高於視平線上，保留給商品更多空
間，暗示顧客此區的商品，適合慢慢
欣賞。店鋪後半段則擺放生活雜貨，
此區加入洞洞板變化壁面的陳列，並
刻意把櫃架設定得較低，大約只與腰
部等高，方便顧客拿取商品，呈現平
易親近的氣質。

　　店內商品大致區分為設計與生活雜
貨，乍看之下會覺得有點跳tone，不過
從選品的角度來說，Alfie 和 Heydi覺
得他們的經營定位其實就是有特色的
生活物件，商品的類型雖然不同，但
價差不會太大，多是中價位就能讓顧
客好入手的生活物品。

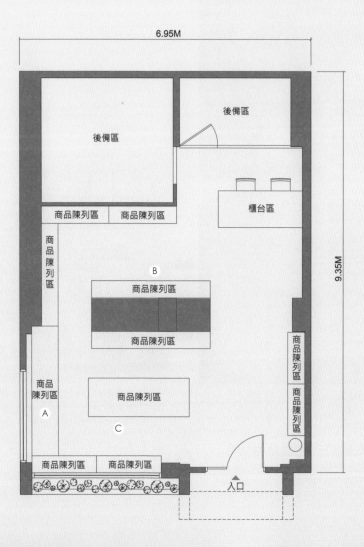

6.95M

9.35M

後備區

後備區

櫃台區

商品陳列區　商品陳列區

商品陳列區

B

商品陳列區

商品陳列區

商品陳列區

A

商品陳列區

C

商品陳列區

商品陳列區

商品陳列區

商品陳列區　商品陳列區

入口

A

靠近櫥窗的位置陳列了大量的古董擺設，同時堆聚體型較大的老件家具和適合收藏類的小品，集中擺放的老物件也渲染出該區塊的復古氛圍。

B

走入店內才能看見被老白牆隱藏的生活雜貨區。

C

因應活動與企劃變化陳列的中島長桌，此處也是手作工作坊的空間，兩側並附有座椅，也是與顧客聊天對話的場地。

老物堆聚而成的區塊，呈現復古靜謐的美感。**②**

搭配造型桌椅的陳列，使店鋪在復古氛圍中仍帶有現代的設計感。**③**

見樹也見林的商品裝飾佈局

Alfie認為陳列並沒有所謂的對與錯，但大前提是要能夠清楚呈現商品特性。以自己的經驗為例，他在規劃商品分區佈局時，會先畫草稿，不會只看一面牆或一個區塊，而是以整體的概念進行思考。先確認在一個空間內，哪一區域是絕對須留下的？主要商品該放在哪裡？大方向訂定後，再著手進行才不至於做白工。

確定店內商品分區佈局後，Heydi則會再將商品排列對齊，雖然是小細節，不過卻是最基本的陳列方法。除了整齊，兩人也會在商品與商品之間，加入乾燥花或植栽的裝飾。乍看之下只是一個普通的動作，不過乾燥花意外地能與多種商品產生合拍美感。冷冽的設計商品，搭配植物後可以帶來生動感，其實也讓顧客認識到商品買回家後，可以如何搭配運用。因此在店內多個角落，都可以看見植物與乾燥花的搭配。

Visual
Merchandising
Ideas

視覺行銷的
陳列心法

Alfie／負責人

Heydi／負責人

商品陳列容易犯的錯

開店創業並不簡單，如何讓顧客認識自己店鋪的定位，會是一大課題。顧客對於商品的想法，就等於顧客對店鋪的印象，若沒有思考好商品的選物、呈現的順序、以及陳列的氛圍，店鋪的定位也會難以突顯。

給新手的陳列建議

① 必須對「新」的東西有熱情與強烈的喜愛，需要大量且頻繁接觸商品，弄懂商品的特性及故事很重要，沒有熱情易疲乏，事業無法長久。

② 為讓商店有新的刺激，也需要透過活動活化資源與客群，像是快閃店、網路行銷等，都是需要定期且繁重體力、心力的工作，入行前務必有心理準備。

③ 陳列若不知從何下手，可先確立商品擺放區域，確定主角的位置後，細節再逐一填入，成果建議可用照片方式多記錄、多比較，長期下來就會累積出自己的一套陳列方式。

法則001　確定主題，對齊填滿壁面空間

在壁面進行吊掛陳列時，建議可以先抓出壁面的中央位置，也就是視覺最明顯的地方，確定中央的商品後，再依次把周邊其他的區塊的商品置入。陳列時可以商品所佔的範圍，順勢去抓左右或上下的空間。做出每一區塊的分隔，讓區塊與區塊之間對齊，視覺上才會平衡不凌亂。

法則002　細小商品另行分裝收納

細小的商品可用小容器盛裝，陳列時擺出分裝後的瓶罐即可。像是扁小的迴紋針，就利用試管造型容器分裝，再搭配試管架，收納整齊又能賦予不同的商品性格。

黃金陳列區 的技巧

Hot Zone Display

大片壁面陳列吸引注意

　店內的黃金區為店鋪後半的居家生活用品區，將大量的商品搭配洞洞板，將重點商品以壁掛的方式陳列，一方面可以利用商品的氣質增添店鋪的氛圍，另方面也易於顯現商品特色，顧客走逛時很難不會注意到。下方的櫃架則再依照商品屬性與類型，各個層架並進行分類。另為方便顧客挑選查看，並把更多空間留給洞洞板，櫃架的高度使其較低，好拿取上層櫃架的商品。

法則003　低矮櫃架可加入大膽或創意陳列
通常不會把杯組這樣疊放在櫃架下層的低矮區，但也是因為將杯子兩兩疊起後可增加層次與高度，反而吸引顧客注意，由上向下俯視時，就能夠察覺到其存在感，也讓人願意蹲下檢視杯盤上的花樣紋理。

法則004　洞洞板變化壁面陳列樣式
洞洞板可以加入非常多變化，除了吊掛商品之外，也可以加入平面的層架。讓商品的陳列有更多變化。愈主打的商品，愈加入多樣陳列，更有助顧客認識並挑選商品。

聚焦　陳列重點

法則006　舊樑柱區分空間氛圍

夾在店中央的白牆是原先的舊樑柱，幾經思考後成了規劃空間的靈感來源，可將商店清楚區分為兩大區，商品的分布也更有邏輯，牆面利用植栽進行點綴裝飾，統合為與空間更相符的自然面貌。

法則005　可直視內部店景的大片櫥窗

大面櫥窗是良好採光的聰明作法，能在日間為店內增添自然日常光，同時提供提供充足陽光生存，從外向內可清楚看到店景面貌。此區的工作長桌，也會舉辦展覽或手作工作坊，過路客從外看到店內的人潮與活動時，就會加深印象與好奇心。

法則007　展示性格強烈的氛圍陳列

此區為收銀台前的老件收藏區，會擺放單
價較高且需較多時間欣賞選購的商品，特
別留有較大的間距營造氛圍與情境感，且
會頻繁地換陳列組合與搭配，用新鮮感讓
此區流動。

法則008　應用植物變化陳列綴飾

在氛圍不足，或是櫃架的高低處等不顯眼
區域，都可利用乾燥花補強畫面的生動
性。讓綠意與乾燥花散布在店內的各個角
落。由於植物不像物品具有強烈的目的
性，能夠很自然地襯托商品的氣質，也加
強了空間中的自然與人味。

#藝術精品
#食品
#家飾
#家具
#生活用品
#服飾與配件
#清潔用品
#廚房用品
#圖書、文具

living

分區主題企劃賦予空間
多樣陳列風格

— living project

2013年,誠品生活松菸店中的「living project」正式開始營運,從美好生活為起點,以居家生活為主軸,嚴選國外具有深厚歷史的經典品牌。living project是誠品首家自營生活選物店,尤其重視商品呈現出來的文化特色,其中70%商品產地與原設計地相同,陳列訴求生活感的佈置手法,創造整體空間的悠然自在。以款待空間、人與生活為中心思想,巧妙地讓走道姿意寬闊,以提供更怡然放鬆的走逛享受。

032
033

誠品生活松菸店— living project

地 址 / 電 話
台北市信義區菸廠路 88 號 2 樓 /
02-6636-5888#3000

網 址
https://www.facebook.com/livingproject67

營 業 時 間
週一～週日 11:00-22:00

店 鋪 坪 數
87 坪

該 店 販 售 品 項
6600 項

風格與陳列
的佈局

Style and Display
Arrangement

織品毛巾區，此類商品陳列時，要避免將位置擺放在太深處，會使得顧客看不清楚，也可利用容器統合商品，再其捲起或折疊，以向外傾斜45度角的方式表現，以避免視覺死角。

此區塊之前是主體策展區，不過主題策展區被移到正門口，目前此塊區域採取店中店的規劃，提供品牌的入駐。

呼應家庭生活的賣場定位

商場空間以「家」為發想源頭，呼應家庭生活中的各個場域，將賣場空間分為living room、green life、dining table、style lab、baby garden、relaxing time、gift dreser與design stationery。靠近櫥窗的牆面，就像是對外的花園陽台，而從大門口走進的便是玄關衣帽間，繼續向內迎接廚房、客廳，再深入則有嬰兒房、書房、浴室等。等於是在設想賣場各個區塊位置的同時，就確立了該區域所販賣的商品類型。

而在構思空間時，最優先考量的就是收銀台的位置。在設定收銀台位置時，必須盡可能地節省坪數，且要能夠環顧四周，方便服務顧客。考量賣場的空間限制後，將收銀台設定在靠近正門與側門的中間位置，搭配正門與側門的方位入口，是精算後最符合經濟效益的區塊。思索商業空間設計時，「living project」的設計師建議，雖是以「家」的概念出發，但須避免把商場打造的太像「家」，可藉由店中店的設計、商品的陳列姿態，展現出商場的個性，區隔出與「家」之間的差異點。另外，商品依功能性區分品項，並將同質性的商品統整在一起擺放，則可吸引喜愛該風格的顧客，上前參觀挑選。

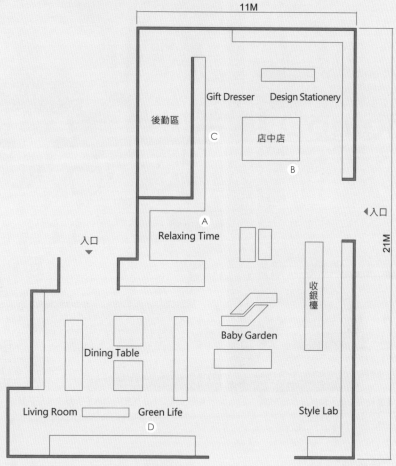

11M

後勤區

Gift Dresser   Design Stationery

C

店中店

B

A

Relaxing Time

入口

▼

入口

◀入口

21M

收銀檯

Baby Garden

Dining Table

Living Room   Green Life   Style Lab

D

▲入口

此為禮品包裝區。若是購買禮物,也可以請店家協助商品包裝。

靠近櫥窗的櫃架則放置了大量居家掃除的雜貨以及植栽相關商品。由於品項繁多,通常會先分出小區塊,再依各區塊的品項變化陳列。

有圖紋的食器可盡量使用立架，使其像是擺飾般呈現出花紋。 ①

桌面上再加入小板凳，帶出不同層次的高度變化。 ②

安全第一的動線規劃

　　在走道寬度的考量上，店內的規範是走道不可短於100公分，至少是兩個人可背對背行走的距離，此距離可讓推娃娃車或輪椅的客人都能自由移動。若偶爾發生因坪效考量，增加商品陳列量而讓走道距離低於限定標準時，也會額外加強商品安全防護，以降低損壞率。

　　陳列的目的在於展現商品特色，並吸引顧客注目，然而賣場空間有時會湧入大量人潮，因此商品陳列中最重要的元素，應該是「商品安全」。不論是顧客或店舖，都不希望商品發生損壞。因此在陳列時，一定要確認商品的陳列是否穩固，也可在商品底部黏貼小黏土（俗稱的小綠綠）、易碎的商品就直接放入櫃內，或是加註警語公告、擺放的位置也不宜太靠近桌面或層架的邊緣。要是顧客的包包或肢體不小心碰撞到了商品，除了導致損失，也可能會引起顧客情緒不悅。因此在思考陳列設計時，也要切記基礎是保護商品，否則再精采的陳列都無法讓商品加分。

Visual
Merchandising
Ideas

視覺行銷的

陳列心法

李欣怡／品牌發展資深副理

商品陳列容易犯的錯

① 沒留意商品安全性，易讓顧客因碰撞損壞商品。

② 價格標示不清楚，顧客必須常常詢問。

③ 美感掌控能力不足，陳列效果過於單調。

給新手的陳列建議

① 一切從模仿開始，紮穩基本功約需半年，學習無捷徑。

② 可從小區塊開始練習陳列，多嘗試多訓練手感。

③ 平時多涉獵相關書籍並累積經驗，喜歡的風格可拍照存檔作為靈感。

❸

與視平線平行的第二層櫃架，可陳列主推
或外型搶眼的商品。

法則009　主打商品的前方加入情境前導

採訪當天的主題是「法式輕時尚—日常優雅」。因此在大門口擺放了一張低矮小桌，上面擺放了法國生活風格的書本、音樂撥放器與花束，目的都在於營造出書房一隅的片景。雖然未必能夠直接刺激消費者購書，讓顧客在踏入空間時的第一眼，很自然地接收到了法國生活的氣質。

法則010　前低後高的堆疊節奏

左側的L型展示桌，擺放了企劃主打的法國手工香皂。採取並列對齊的方式陳列，依照包裝的色彩，一排一排整理放置。最前方先提供商品標籤，接著同時擺出有包裝與無包裝的商品，讓顧客清楚知曉內容物。並把香皂堆放在後方透明杯皿中拉升背景高度。透過簡單的堆疊法做出高度與顏色上的層次感。想表現滿盛與立體效果時，透明容器是很易於搭配的道具之一，也特別適合表現色彩繽紛的商品。

黃金陳列區
的技巧

Hot Zone Display

法則011　針對主打商品加入簡介說明
如能提供商品簡介，主打商品便能更快速地被顧客
認識，但也因為提供了簡介，很有可能顧客因此不
再需要導覽介紹，因此減少與顧客對話的空間。

以裝置設計吸引關注

　　living project雖然有三個出入口，不過正門入口處通常是最能快速
吸引顧客的區域。過去此區塊曾主打高單價的家具商品，不過營運
一段時間後，發現家具的價格高，是需要經過理性思考後才會下手
購買的商品，因此轉而把家具商品移放到店鋪的邊側，以情境營造
的方式呈現。此區則改為主題式陳列，以企劃的角度包裝商品，其
中60%的品項匯集店內已有的品牌商品，不夠豐富則額外補足，定
期變化新的主題，讓顧客每次光臨，都能產生新鮮感。

法則012　動靜對比的情境設計
矮桌後面的櫃架上，則擺放了法國香氛，加入多個高低垂掛的空畫框當作背景，並將商品放置在左
右兩側的玻璃箱與玻璃罩中，不論是上方、左邊或右邊，都有引人注意的元素，也讓此處的陳列富
有濃厚的裝置氣質。下方的櫃子也是販售的商品，商品則擺放在櫃面上方。櫃面上的陳列可分為三
段，中間那段陳列又加入斜放的角度、高低與前後對比。即便商品與櫃子同樣都屬於暗色系，配合
其他材質的道具後，陳列的表現並不會讓人感覺灰暗深沉，其中的層次變化非常精采。

法則013　利用桌布區隔前後陳列樣式

顧客接受陳列的範圍多以一公尺左右為上限，若想表達的重點超過此範圍，很容易產生視覺疲乏。因此食器用品區的桌面陳列，便利用桌布將長桌斜分為二，以引導顧客移動腳步，改變觀看的視線。

法則014　運用白紙突顯商品彩度

每一種文具的特質都不相同，陳列時也要從商品特點進行切入。例如此品牌的鋼筆特色是繽紛多色，因此可同時展開多色系供顧客挑選。陳列時加入白紙墊底更能有效突顯彩度。另外，由於筆類商品顧客會著重其呈現筆觸，若不便顧客試用，也可在紙上呈現試寫成果，便於顧客參考。

法則015　桌面加入階梯式陳列

桌布下方加入小積木作為墊底，表現出階梯般的高低差。顧客在觀看時會從高點看到低點，感受到陳列的豐富性。而考量到顧客多為右撇子，特將鍋具的把手調向右側，更利於試用拿取。若想增加顧客的使用想像，運用假食物道具也是好方法，像是餐盤擺放假麵包、密封罐裝入餅乾等，都是讓食器更有溫度的小技巧。

法則016　上中下三層層架的陳列建議

根據銷售經驗，櫃架陳列的最佳區域為中段區塊，依序是下方區，表現最差的則是最上方的區域，甚至可列為銷售無效區。但礙於坪數利用上的限制，若非得利用上方的區塊時，可以擺放較大面積、或顏色較重的商品，利用商品先天的設計穩固其存在感。若是體積較小、細節較多的商品，建議可以放置在櫃架中段區，方便顧客近距離觀看。

法則017　讓飾品增加人文氣質

由於飾品的造型與尺寸都比較細微，為了表現精緻感，通常會把飾品放在小玻璃盒箱中，把飾品的氣質收納在一個有限的空間中。而項鍊、手鍊類等飾品，也可搭配道具模擬戴上的效果。陳列時，如讓飾品與樹枝搭配，則可在陳列中加入紋理與質感的對比，讓氛圍顯得溫潤自然，也更具有人文氣質。

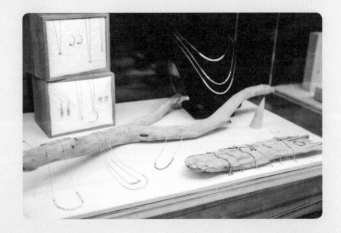

擺脫價格定義的
陳列心理學

— THE TOWN CRIER

開立於2014年底的THE TOWN CRIER，店名意謂「報馬仔」，早期歐洲城鎮尚無報紙，當政府發布法令時，就有稱為「THE TOWN CRIER」的訊息傳遞者拿著鈴鐺上街，公告宣讀新頒的規則。會以此為店名，正因店內販售近30種五金工具、香氛保養以及廚具食器等品牌雜貨，全是店鋪負責人Luke與寶雅的細心選物；寶雅獨到的時尚設計眼光，搭配擁有多年百貨與店鋪銷售經驗的Luke，讓店內充斥了歐美生活的復古氣質。

THE TOWN CRIER

地址 / 電話
**台北市大安區四維路 76 巷 7 號 1F/
02-2707-0020**

網　址
https://www.facebook.com/theTOWNCRIERstore

營 業 時 間
週二公休 PM2:00 ～ PM9:00

店 鋪 坪 數
32 坪

該 店 販 售 品 項
約 200 ～ 300 項

風格與陳列
的佈局

Style and Display
Arrangement

大玻璃櫃是黃金陳列區，擺放各種小件商品，並以
木抽屜整齊陳列，容易引發客人好奇心而走進店
裡。

兼顧現代與復古的俐落氛圍

　　THE TOWN CRIER的店舖外觀很簡明，右半邊是四片式大門，左半邊是格狀落地玻璃窗，雖然國外許多商店都採用這類設計，但台灣比較少見，因此曾被不少顧客誤認是麵包店、咖啡館或餐廳。店舖大門採取厚重寬敞，且能兩邊折疊完全推開的設計，主要是方便路過者一眼就能看進裡面。

　　也因為要方便顧客欣賞店內的商品，所以內部空間如陳列櫃、展示架及櫃台等的高度都比一般商店來得低。Luke與寶雅認為，降低桌櫃高度的設計，有助於他們貼近人群、與顧客互動，也增加客人走進來的機會。

　　此外，它們也使用真正的老件作為展示櫃。呈現二、三〇年代歐美雜貨店氣氛，是店內的主要風格。店裡除了櫃台、書櫃、柱子邊桌是新做的之外，其他幾乎都是老東西。例如：擺在入口醒目位置的大玻璃櫃，原本是美國雜貨店裡的雜貨櫃。斜擺在落地窗後方的櫃子，前身則是博物館的珠寶展示櫃。另外過去雜貨店用來堆放蘋果及根莖類食品的老式木箱等，也變成展售商品的道具，等於是用歐美老式家具，帶出門市整體的懷舊氛圍。

10M

入口 ▼

商品陳列區

A

商品陳列區

清潔用品

13.5M

C

櫃台

主題展區　B

商品
陳列區

餐桌是主題區，陳列商品以同品牌的杯盤等食器
為主，營造店裡所強調的生活氛圍。

收銀櫃台是一體成形的設計，特別降低高度，並
把桌面加寬，方便員工工作與包裝。

透過家具和商品的擺放，做出空間的區隔。❶

店內的物件幾乎都有販售，就連牆壁上使用的白色磁磚也是商品之一。❷

從居家生活延伸商品佈局規畫

由於店內販售的幾乎都是生活用品，因此兩人以居家生活為靈感，以此規劃各個區塊的商品陳列。因為店頭的設計比較簡約，門口也沒有放置搶眼醒目的指引或招牌，很多路過的顧客，會對這樣的店頭感到有壓力，而不敢走進來。

因此選擇將大型的玻璃櫃放置在店頭的入口處。裡面擺放各式各樣小物，以此引起過路客的好奇心。而當顧客看見大玻璃櫃商品走入店內觀看後，通常都會走向左邊；此處展售雨鞋及垃圾桶、刷子等清潔用具，對應居家空間中「玄關」的概念。接著會看到一張大餐桌，餐桌上擺著杯、盤、壺等餐具食器，提醒顧客「餐廳」到了。餐廳前方的圖書館櫃，擺放的商品則比較多元，除了杯盤等食器，也有大型的包袋，以及清潔保養等用品。

而店鋪內的動線也很明確，基本上會利用大型家具的擺放位置切割出走道的大小暗示，顧客自然而然會選大的走，不會硬鑽行窄小的通道。

Visual
Merchandising
Ideas

視覺行銷的
陳列心法

寶雅 / Creative Director

Luke / Manager

商品陳列容易犯的錯

① 太斤斤計較「坪效」，走道設計狹小，整間店擺滿東西，客人擔心碰撞之餘，便無法仔細去「看」商品。

② 擔心商品損壞，不希望客人「碰」商品，其實客人主動拿起來看，表示他對商品有興趣，應該多加鼓勵。

③ 客人看商品時弄亂陳列，亦步亦趨馬上歸位整理，這樣做很容易趕走客人。

給新手的陳列建議

① 品項多時，不一定要一次擺出來，東西太多很容易產生壓迫感，而且聊天之中客人若知道還有商品「藏」起來，會有挖寶的樂趣。

② 陳列要懂得「捨得」，有時犧牲一點空間，反而能提昇商品質感，成交率也會跟著提高。

③ 若無多餘人力時，為了節省時間成本，商品陳列不妨擺放固定數量，不僅方便盤點，一旦發生竊盜，也很容易發現。

④ 同品牌同系列商品，可單獨以前低後高或對稱式兩邊高中間低的陳列技法，呈現出「家族」的感覺。

⑤ 擺設商品不一定都要平面，也可以利用堆疊做出高低層次，營造出活潑的視覺感。

⑥ 陳列不光靠自己的美感，若是了解商品故事，陳列時強調其特色，通常客人的印象會比較深刻。

⑦ 陳列前先了解自家商品的特性，像是生活道具的話，營造生活化及親切感，遠比理性講究陳列技法來得更重要。

⑧ 抱枕之類的商品，整齊擺放的話會產生距離感，不妨選擇亂丟的方式，大部分客人反而會覺得很可愛。

法則018　把重點商品放在可視性最強的位置

由於這個玻璃櫃架高度稍低，上面兩層的櫃架，會最容易被顧客看見，因此上層櫃架的右方擺放的是店裡代理的瑞典保養品。第二層則擺放牙膏，因該商品有不同口味，一字排開的橫向陳列，也帶入了色彩的吸睛度。

法則019　放滿放好的盒裝與管裝商品

盒、管類的商品可採取整齊、有量感的堆放。盒裝商品的最上層可擺放一個開箱的內容物，方便顧客看見裡面的內容。小條的管狀商品，雖無法像盒裝的商品般整齊疊放，但也可以分出上下前後等層次，做出一點點小變化。

法則020　直接擺放展示特徵

玻璃櫃的左側，放置了居家清潔、五金工具、保養品等各式小物。由於這類商品的造型不一，所以在放置時，未必都能夠加入陳列的設計。不必像盒管類商品般把抽屜放滿，大原則是要讓商品的造型可以被清楚地呈現。

法則021　距離感是開啟對話的起點

店舖裡的商品皆沒有標價，放在玻璃櫃中其實對顧客而言是會有距離感的。但也因此，當顧客感到好奇，仔細觀察商品時，就是開展對話的好時機。許多顧客往往是在介紹後，才發現商品的價格不如想像中來得高。因此這個玻璃櫃也像是店舖與顧客攀談的起點。

黃金陳列區
的技巧

Hot Zone Display

運用家具收納各種主打小物

　　店鋪的黃金陳列區是正對大門，進門第一眼就可看見的大玻璃櫃。一上門的客人通常都會先在此停留，對裡面的商品感覺到好奇而與店員展開對話。這個大玻璃櫃本身就很吸睛，它是早期美國雜貨店裡的老件，原本用途就是擺賣五金雜貨，因此不需要特別的陳列技法，只要利用櫃裡的小木抽屜，將商品整齊排開，累積到一定量的商品後，就很美觀了。

　　木格內商品的擺設重點，是盡可能將同類品項擺在一起，展示出商品的多樣選擇。例如不同口味的牙膏、不同用途的刷子等。另一個重點是要選擇造型小，剛好能放進小木抽屜中的商品。

　　值得一提的是店裡的商品都不標價，因此當顧客看見玻璃櫃中有感興趣的商品時，他必須要和店家展開對話。Luke與寶雅都不希望客人一進門就以價錢定義商品，因為店內的每項商品都有特別的用途與背景，他們希望店裡的消費，是藉由與消費者的對話，讓顧客深入了解後再決定是否選購。

聚焦　陳列重點

法則022　自然擺放的生活感陳列

由於歐美家庭的玄關通常設有衣帽間或者放置雜物的空間，因此店頭左邊擺放的商品也以玄關為概念，放置圍裙、撢子、雨鞋等居家用品。此處的商品陳列也較為自然，刻意保持陳列的生活感，讓顧客可以自己翻看有興趣的商品。

法則023　運用設計家具整齊收納商品

店內面積最大的展示櫃，設計概念源自歐美圖書館的書櫃，因此配有可滑動的圖書館梯。採活動式的層板，可因應商品大小調整空間。上方與下方的空間可以擺放大型或長型的商品；水平視線的櫃架空間可以稍低，擺放體積小，方便顧客拿取的商品。

法則024　生活經驗延伸陳列的律動感

長型餐桌可以在空間中散發歐美居家生活的氣質。而在運用餐桌進行杯盤等食器陳列時，也可以模擬餐桌的情境，依座位擺放好主人、客人的器皿，接著再局部移動器皿的位置，在既有的秩序中加入生活使用的痕感。大量圓點造型的陳列佈局，也具有視覺上的律動與活潑感。

法則025　商品造型的漸變陳列

具有不同尺寸或顏色的商品，在陳列時可以讓它們同時擺放出來，展現差異性。一但商品數量多又整齊擺放，很容易一眼就快速掃過，雖然方便顧客查找，但也無法長久吸引觀看的眼光。因此在陳列大量同件商品時，也可利用立體堆疊或色彩對比表現出佈局的變化。

050
051

法則026　柱子邊桌空間運用

室內的大柱子原本被兩人認為是遮擋視線的缺陷，寶雅卻在柱子周圍做出一圈吧台桌，把空間的缺陷轉變成客人停留的焦點。此處陳列的是香氛香水等商品，因為陳列的空間有限，且商品的精緻度高，故可採取較有空氣感的陳列；同時呈現包裝與內容物，但商品的前後左右皆留下寬裕的空間，帶有些許展品的氣質。

SENSE 3

GENERAL STORE
叁拾選物

WWW.
30SELECT.
COM

回歸商品本位，
推廣品味的厝邊雜貨選
── 叁拾選物

「叁拾選物」是以「為30世代提供來自世界各地的生活日常好物」為目標，希望透過這些精心挑選過的有想法、態度、故事的物件，讓顧客體驗到生活中細微的美好。其實叁拾選物是成立於2008年台灣單車品牌Sense30的二店。雖然Sense30的起點是手工單車，但他們也希望可以在單車以外的領域，傳遞「優雅態度與精神」的實踐，從2013年，便有了叁拾選物的誕生。這裡販賣的文具、生活用品、廚具以及服飾配件，都反映了店長Issa希望推薦給消費者的品味與樂趣。

052
053

叁拾選物

地址 / 電話
台北市中正區羅斯福路三段 210 巷 10 號 /
02-2367-3398

網 址
www.30select.com
營 業 時 間
PM1:00 ～ PM9:00
店 鋪 坪 數
30 坪
該 店 販 售 品 項
約 500 項

風格與陳列
的佈局

Style and Display
Arrangement

店裡也有提供手沖咖啡，除了外帶，也可內用，在店
內享受悠閒的午後時光。

低調單純的空間風格

　　店長Issa在規劃「叁拾選物」店面空間時，最先思考的是如何恰如其分地呈現出店裡的「風格」；動線規劃以如何順利引導客戶「看到商品」為原則。Issa希望吸引可以透過商品本身的魅力來吸引消費者，所以店鋪中並沒有加入太多搶眼的裝潢，但因為販售的品項很多，如何維持空間風格，並讓全店的陳列不至於相互衝突，就是一個困難的課題。

　　因為品項繁雜，每樣商品的造型、色彩甚至大小，都各有變化；考量在有限的空間中，再加入太多裝飾風格的詮釋，也未必能夠帶來正面消費體驗，因此店鋪中家具的使用，以簡單、素雅的白米色系為主，有意識地削弱空間與家具的存在感。

　　由於希望減低空間設計的存在感，因此商品陳列的佈局與邏輯，就顯得非常重要。務必要讓顧客感受到推陳出新的新鮮感，顧客才願意再次光臨。

　　陳列時要意識到，商品所傳達的個性，也是顧客走入店鋪後可以感受到的印象。」Issa有規劃地把商品依照文具／日用品／家飾／服飾等類型品項進行分類，但在陳列時卻也並非採取壁壘分明的大分類限制，反而是讓不

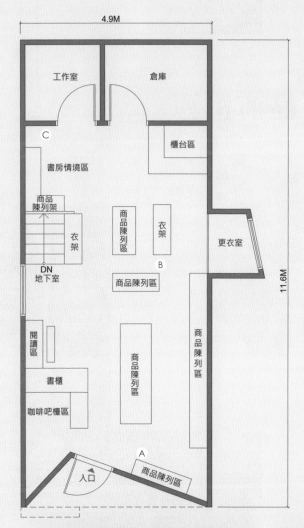

A
櫥窗與店門擺放單低的商品，吸引顧客走入。

054
055

B
主題陳列桌後面的櫃架，是全店營業額較高的陳列
區。此區的商品價格較高，商品的品項也多元。

C
收銀機旁邊的畸零地加入有情境的氛圍，利用書本
與燈光，增加顧客駐足瀏覽的時間。

服飾類的商品放在店後半部，避免顧客把店鋪定位為服飾店。

同類型的商品混合，再隨著動線慢慢過渡到下一種商品類型。因此在同樣的櫃架上，你可以看到筆記本，旁邊卻是杯子、洗手乳，護唇膏，從文具小物跳轉到日用小物，日用小物則可再接續咖啡壺、刀具等廚房家用品。

引導顧客專注檢視商品

Issa表示，在規劃店內的動線時，他留意的不是顧客怎麼走，而是他們有沒有「停下來留意商品」，因此要不斷地調整動線，方能找出最能引導顧客注意商品的動線，進而促成消費。

雖然店鋪裡面的商品很多，但Issa希望櫃架與桌面之間的走道盡量保留2.5人可帶著包包經過的寬度，讓客戶逛得舒服，也不致碰撞到商品。

Issa也傾向不要把商品擺放得太密，因為當消費者還不認識商品，沒有頭緒的時候，通常不會主動拿取，所以在有限的空間裡，他寧願只擺出一個商品。而Issa也發現到，有些美觀但功能性不強的商品，對顧客來說其實是一種變相的奢侈品，所以他們強調，在選擇販售商品時，「功能性」還是要做為優先考量。

視覺行銷的
陳列心法

Visual
Merchandising
Ideas

Issa／Sense30 品牌總監

商品陳列容易犯的錯

① 把不同功能的商品混放在一起，造成客戶混淆。

② 擺設櫥窗商品時，亮出太多衣服或完全未掛衣服，讓人對該店類型錯誤判斷。

③ 商品擺得太高，讓客人看不到、看不全或搆不到。

④ 商品陳列得太整齊一致，反而容易讓顧客覺得有距離、不敢碰。

⑤ 最明顯的位置一直擺放同樣的主打商品，顧客會覺得商品沒有變化。

056
057

給新手的陳列建議

① 要先抓大類別，同類別的儘量放在一起。

② 要多參考其他店家不同類別的擺法並「分析原因」。

③ 不要怕錯，要多嘗試，找出感覺最「對」、自己最喜歡的擺法。

④ 擺設大量造型重複的物品時，可略有變化（例如書本可立放），才不致顯得單調。

⑤ 擺設商品時，儘量讓商品看起來有高有低、多變化些，感覺起來較活潑。

⑥ 功能相關聯的商品可以一組一組放在一起，讓客戶一目瞭然（例如鍋刷跟鍋具放在一起）。

⑦ 要常常巡視店面，把被弄亂的商品擺好並清點，東西才不容易被偷。

⑧ 找不到道具時可用現成的東西自製，會有手創感，營造出另一風味。

⑨ 客人少時，可以試著更換陳列方式，客人可能就會跟著上門了。

法則027　用道具印襯商品特質

加入小道具的襯墊可以增加商品質感，更可幫助顧客認識商品特色。比如：把刷洗鍋具的毛刷，放置在鍋器上，消費者可以快速了解用途，視覺上也充滿趣味。

法則028　墊出高度製造視覺張力

主題式陳列的作用在於快速吸引顧客走近，因此在陳列的表現上要力求能夠吸引注目，採訪當日適逢年節，以掃除用品為主題；採取中間拔高而起的山形陳列，在桌面中央加入木板、小木椅與水桶，用誇張的高度，引導消費者走近一探究竟。

黃金陳列區
的技巧

Hot Zone Display

主題策展，帶動周遭商品銷售

　　進門後，迎面看到的淺色木桌是全店的主題陳列區，每兩三個月就會更換一次主題商品，以保持商品的新鮮感。雖然此區域會依照主題變化陳列與商品內容，但此區的商品銷售表現卻也未必是最高的。有許多顧客是因為對主題好奇，但在走近覽閱後，反而帶動周遭櫃架等高單價的商品。因此加入主題策展概念的陳列，並不是要直接連接到相關品項的銷售，而是透過主題，加入陳列的視覺張力，以表現店鋪商品的豐富感。

　　主題陳列區後面的櫃架主要擺放商品價格相對稍高的商品，此區塊的業績相對更強。再進入店鋪的後段則是陳列男女服飾，動線最後則是收銀台。收銀台之所以放在店鋪後段，是希望引導顧客走入店內，增加其他商品的曝光率。收銀台上的玻璃櫥櫃，放置了野營餐具、萬用小刀等高單價小物；但旁邊壁面上放置了書本、雜誌，而收銀台下則掛有自由風的大包包，以小物單價都不高，方便客戶順道買單結帳。

　　櫥窗再往後延伸的壁面櫃架，同樣是陳列低單價文具小物，但店門周遭區域商品的價格都相對較低，以避免消費者誤以為店內的單價過高而怯步。而走入店裡，櫃架的陳列，也漸漸從文具延伸至日常家用等各式雜貨。

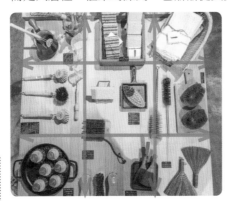

法則029　拆分多區塊的桌面陳列

桌面前段是正方形空間，把桌面分割為九宮格般的小區塊，透過區塊之間高或寬的對齊，讓整體陳列不顯零亂。再因應商品的不同造型，變化各區塊間的視覺節奏感，區塊中適當擺放圓形或長條狀的商品，便能同時表現視覺上的穩定和豐富性。

法則031　長條型商品的擺放法

長型或條狀的商品，如果不能直立地放入瓶子或容器中，也很適合採取整齊排列的平放法。而在擺放時，通常會考量左右或上下的對稱。而在進行此類商品的陳列時，除非商品同時具有多種顏色，方便顧客挑選，擺放的數量不需太多。少量的陳列並加入上下或正反方向性的差異，就可以在整齊的陳列中增添變化。

法則030　重點露出店內商品

大片玻璃櫥窗訴求簡潔優雅，主要是方便過路的顧客看得見店內的生活商品。櫥窗下方的書桌，陳列筆、筆記本…等小物，旁側的展示模特兒也披上迷彩睡袋衣，點出店內亦有販售文具、服飾等商品。

法則032　幾何造型的陳列佈局

整齊的陳列，並不代表商品一定要呈現棋盤格般的制式擺放。試著拿捏商品擺放的數量，活用商品的造型差異，就可以製造桌面佈局的變化。也可加入盤或木台的襯墊。運用材質的對比表現商品質感，並帶來視覺上的立體層次。

法則033　透過情境吸引顧客駐足

收銀台左側的空間，是一塊畸零地，此區塊的銷售表現較弱，故將此區的功能轉變為塑造情境。在此擺放多本生活風格書籍、小文具及小飾品；地下鋪有條紋編毯，並加入上方昏黃燈光投射，營造出復古、休閒的氛圍。店鋪角落保留一塊作家書房般的生活情境，不僅提升空間中氛圍的感染力，也增加客人駐足瀏覽的時間。

#藝術精品
#食品
#家飾
#家具
#生活用品
#服飾與配件
#清潔用品
#廚房用品
#圖書、文具

風格先決的非典型
書店陳列

── 好樣本事

2012年，曾入選「全球最美20家書店」的「好樣本事」不僅是「好樣VVG」的連鎖生活概念店之一，更可說是台北獨立書店中，一個讓人難忘的原型。小小13坪的空間裡，放滿了中西書籍、文具用品、世界各國老件以及生活雜貨等。每一個物件，都是好樣的執行長Grace希望與顧客分享的美好趣味。匯聚著各地世界觀的物件美學，在此小小書店中，兼融為獨樹一格的生活風格！

062
063

好樣本事

地址 / 電話
台北市大安區忠孝東路四段 181 巷 40 弄 13 號 /
02-2773-1358

網　址
http://vvgvvg.blogspot.com/

營 業 時 間
週一 ~ 週日 12:00-21:00

店 鋪 坪 數
13 坪

該 店 販 售 品 項
約 2000 千件

風 格 與 陳 列
的 佈 局

跳脫書店既有風格的生活氛圍

　　「好樣本事」的起點，原本是家專營精品外燴的餐飲公司，回到2009年，當時台灣受到金融風暴的影響，國內藝文的空間呈現出一股低迷的氣氛。由於執行長Grace本人對於書店與藝文原本就很熱愛，她開始思考有沒有可能在台北開立一家獨立書店。以她個人的角度向大家推介她喜歡的書本、物件甚至是生活風格，因此開立了這家撫慰人心的空間。

　　好樣本事的選址與風格定位非常低調，除了刻意開立在偏靜的巷弄，店門口更用綠色草本植物半遮半掩，鋪陳出低調隱密的獷味。雖然位置很低調，不過店內卻也常見國外慕名而來的顧客到此一探究竟。

　　店鋪空間雖小，但透過燈光和各式帶有古典歐洲風味的老件，打造出帶有超現實情境的書店氛圍。雖然店內以圖書為主要商品，不過店鋪的風格，卻不同於其他書店，反而帶有強烈的居家設計風格，疊放式的圖書陳列，也讓來店裡翻書的顧客充滿了挖寶的樂趣。

中島分隔左右動線

　　「好樣本事」以Grace個人選書與選物品味為進路，因此整個空間充滿了難以複製的獨特氣質。但店鋪畢竟需要商業行為，回到只有13坪大的空間，當想像中的氛圍定調之後，需要面對的就是空間的規劃與佈局。

　　店鋪的主要商品為國外精裝圖文書，店鋪中的大型中島桌，分隔了店鋪的左右通道。精裝書以平放堆疊的方式分門別類地陳列於中島桌上。左右兩側的木製書櫃，則擺放英、日、中文等散文書籍。在有限空間中，分隔左右兩邊通道，讓顧客盡量分行，以免動線壅塞。

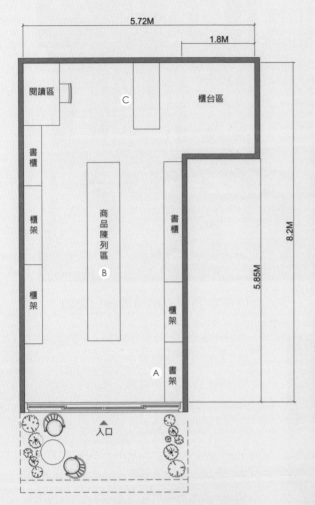

櫃台設在店鋪最後面，主要是考量能引導
顧客走完全店再結帳，順便可加購小物。
櫃台前的咖啡座可讓客戶坐下來品嘗咖啡
或靜靜看書，享受寧靜的書香時光。

店頭的右方主要以單價較低，好入手的文具為
主。也因此大部分顧客會從大門右手邊進入店內
開始走逛。

中島大長桌陳列了攝影、設計、食譜或其他藝術
相關書籍，以精裝書為主。

從圖書、雜貨到家具，跳脫商品關連性的陳列卻也讓店內呈現出一般後現代的美感。

家具的使用大大地決定了店鋪呈現的氣質，運用日常生活的家具陳列商品，也表現出Grace訴求的生活美學。

以書本為中心的環狀繞行動線

由於店鋪屬於狹長的空間，店內最主要的位置保留給圖書，兩側分出的左右兩側通道，便是希望顧客可以視情況調整左右前進的動線。而一般來說，因為店頭右方陳列小型的文具區，顧客的目光多半會先從右邊被吸引，然後沿著中島，瀏覽完中央的圖書以以及右側櫃架上的商品，最後繞行一圈。

雖然店鋪的空間有限，不過店裡大約三、四天就會更新一次商品的陳列擺設，好讓客戶覺得店裡時時都有新面貌；而當某些商品較難賣出時，店員則會將這些商品跟其他商品互調位置，好讓顧客發現這些商品。由於店裡空間較小，走道只能留約一個人能走的寬度，因此店員會儘量避免把易碎商品放在突出來的平台上；而若客戶反映商品勾到包包，也會隨時調整位置。

Visual
Merchandising
Ideas

陳視
列覺
心行
法銷
　的

Grace ／ 執行長

商品陳列容易犯的錯

① 商品陳列得太雜亂、太擁擠。

② 一下加入太多不同風格混搭，造成視覺上的零亂。

③ 書籍全部立放出來，一目瞭然，反而讓客戶少了想要動手的感覺。

給新手的陳列建議

① 陳列前風格要先想好，在心中有個概念再開始陳列。

② 陳列時還是要留白，不要急著把商品擺滿。

③ 將書疊放比較節省空間，亦可讓客人有尋寶的感覺。

④ 銷售較差時，可調換商品位置，讓客戶能更容易看見商品。

⑤ 想把整個氛圍改善的話，改變牆面的色彩是最快、最省的好分式，例如垂掛布匹或
　海報，甚至是粉刷油漆，都是能直接改變整體氛圍。

法則034　節省空間的書本疊放

中島桌為本店的黃金陳列區之一，書籍主要採取疊放的陳列。大量堆疊的精裝書，製造了巨大的視覺量感。來到此處的顧客很難不會動手翻閱圖書。這裡的書也不會封起來，而是鼓勵顧客打開閱讀，從書本的材質和裝幀感受閱讀的美好。

法則035　選書展示引發讀者好奇

正對店頭的中島桌，最前方以一台老紡織車當作展示台，把主推書籍陳列於上方，由於紡織車的造型獨特復古，因此非常吸睛。

法則036　運用家具營造情境

中島桌的底下，收納了數張造型特別的古董老椅，這些椅子都是有在販售的家具。因為搭配書桌，所以加入椅子的販售。椅子的加入除了能夠吸引老件愛好者來店裡尋寶，更加深了店鋪中的閱讀氛圍。

法則037　加入燈光印襯材質特色

店鋪左側的櫃架，並陳列著成立於1899年，創業超過百年歷史的廣田硝子手工玻璃製品，此處也是商品周轉率較高的區塊。為了突顯商品的特色，層架的兩側，也加入燈光，讓排列整齊的玻璃杯器，表現出純淨、透亮的細緻光影效果。

黃金陳列區
的技巧
Hot Zone Display

獨特商品和獨特陳列的集合

　　店鋪的黃金陳列區是店中央的中島桌，以及左側的廣田硝子玻璃製品區。

　　中央的中島桌，從前到後，分別陳列攝影、設計與食譜類書籍。這樣的陳列順序也表示店裡攝影類的讀者稍多，因此攝影書被擺放在接近店頭的位置。中島桌又分為左右兩側，中央以書檔區隔，兩側則對放／立放著一些主推選書。

　　比較特別的是左右兩側一落落疊放的精裝大部頭書籍，之所以會用疊放的方式來陳列書籍，主要是受到國外常見的二手店鋪之風格影響。由於店鋪的主要商品多是國外精裝書，這樣的陳列方式一方面可以節省空間，另方面會讓顧客自然想要動手翻找，體會尋寶的樂趣。

聚焦 陳列重點

法則038　透過設計，傳遞店鋪氣質與個性

大量綠色草本植物半映半掩地排放在門口兩側及石階上，左側還放置了一組休閒桌椅。書店的經營不僅是販售圖書而已，Grace更希望傳遞的是一種生活態度，每一家店就是像是有自己的個性，只要消費者認同店鋪的個性，就可以找到最適合自己的客群。

法則039　從主要商品延伸到其他小物

中島桌兩側的書櫃上陳列有英、日、中文散文書（中文書不到十分之一），以立放為主，重點書則平放在突出的平台上；中間還穿插放置一些杯、壺、果醬等生活雜貨。店內客人多半是外國客人，台灣本地客則以購買文具類和生活雜貨為主。

法則040　搭配家具變化陳列位置

櫃台區旁有保留一塊座位區，此區塊也陳列了許多給小朋友閱讀的童書。延續童書可愛活潑的氣質，此區的陳列使用了鐵盒與邊桌的抽屜。在有限空間中善用家具，也能帶來表現不同的陳列效果。

法則041　結合收納與陳列

由於店鋪也有販賣一些老件與工具，但考量店鋪空間有限，有些商品體積小，造型又各不相同，此時便會使用小盤或盒，裝盛或插放性質相近的物件，或保留一個台面大量表現同性質物件的量感。雖然商品這樣陳列會讓單一物件的辨識度降低，不過會購買這類商品的顧客通常也喜歡挖寶，把收納與陳列結合在一起，也是一種有效率的陳列方式。

#藝術精品
#食品
#家飾
#家具
#服飾與配件
#生活用品
#清潔用品
#廚房用品
#圖書、文具

用陳列與手工質感突顯溫暖氛圍

── 米力生活雜貨鋪 / 溫事

擁有設計與插畫背景的米力與Rick夫妻，原本只是想把自己對於工藝與雜貨的愛好和網友分享，但因為其獨到的選物眼光而獲得各地迴響，2012年從網路走向實體店鋪。以職人手作、嚴選台灣與日本的手工品牌。經過多年的經營，米力生活雜貨鋪可說是生活雜貨愛好者都曾前往朝聖的經典圖騰。充滿溫暖調性與歷史空間的老屋氛圍，收藏著生活中的點滴暖意小事，二樓的獨立空間，並當作展覽空間，延伸手作的美好價值，定期更新的展覽活動，也帶來許多延伸變化的合作可能。

米力生活雜貨鋪／溫事

地址 / 電話
**台北市中山區中山北路一段 33 巷 6 號 /
02-2521-6917**

網　址
http://www.studioss.com/

營 業 時 間
週二～週六 12:00~19:00

店 鋪 坪 數
約 20 坪

該 店 販 售 品 項
約 500 項

風格與陳列
的佈局

Style and Display
Arrangement

此桌放置了許多插畫卡片與印章小物，堆砌手作、溫馨的店鋪風格。

自然溫暖的空間氛圍

店鋪選品以手作的職人商品為主，由於商品本身就具有強烈的手感。因此空間訴求溫暖、樸素與自然的風格氛圍。由於這個空間原本就是老房子，搭配有年代感的老物件後，很自然地就能堆疊出歷史的氣味。此外，因為店內的空間比較小巧，加入長桌與木櫃後，一進門就自然能夠感覺到品項豐富，但又不會有壓力的生活感。整體空間色系，與家具的選用，都散發出一股低調但又溫潤的質感。

店鋪販售的品項可區分為文具、生活用品、職人手作品、工藝品、飾品與書籍。除了依照功能性做區分，商品屬性也是陳列時分區的考量重點。像是平易近人的民藝品與富含歷史重量的工藝品就會分開陳列，必須考量每個區塊的定位與商品屬性，進而調整陳列的手法與技巧。也因此，兩人認為在規劃商品佈局時，其實應該要從微觀延伸到整體。所謂的整體，其實是多個單一區塊，組合而成的集合。因此要先從單個區塊著手規劃，獨立建構每個區塊的特色與豐富性。因為每一個小區塊，都可以做出陳列細節的差異，都需要經過深思考量，各個局部的組合與堆積，才能形塑出最適合商品呈現的整體。

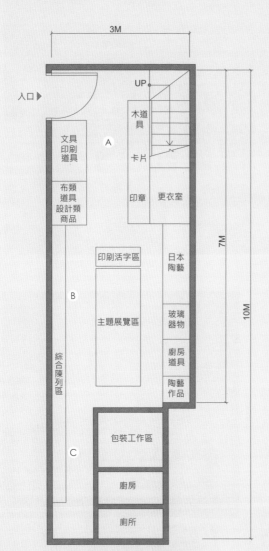

3M

入口▶

文具
印刷
道具

Ⓐ

布類
道具
設計類
商品

綜合陳列區

Ⓑ

Ⓒ

印刷活字區

主題展覽區

包裝工作區

廚房

廁所

木道具

卡片

印章

更衣室

UP

日本
陶藝

玻璃
器物

廚房
道具

陶藝
作品

7M

10M

3M

1.1M

展覽空間

3.7M

DN

2.5M

Ⓑ

店鋪中段陳列了大量日本不同品牌與不同風格的
陶藝。

Ⓒ

櫃台旁並提供多本米力與Rick收藏的工藝圖書，
在向顧客介紹並討論陶藝與日本工藝時，常被作
為參考資料。

可愛造型小物替店鋪帶來溫暖的氛圍。 **1**

2

活用牆壁和櫃架色彩，陶器
便能呈現出不同的氣質。 **3**

駐足停留的動線巧思

　　為讓顧客能盡量照著設定的動線移動，特別將靠近內側的走道空間留得比外側寬，因此，顧客大多會朝內側前進，且為避免走逛過久造成視覺及體力上的疲累，空間中段還設有沙發可供休息，許多佈局和陳列的考量都非主觀喜好，而是根據經驗和觀察而梳理出的結果。

　　而當顧客走逛觀看時，若想引導顧客觀看單一區塊的陳列，重點是先抓出視覺的焦點，將想強調的重點放置在重點區（一般來說在區塊的視平線中心），後續再加入其他物品與配件，這樣就不易失焦。其他陪襯重點的品項與道具，就可以加入顏色、高度、材質與大小的對比或呼應，讓整體陳列增添小小變化。

Visual
Merchandising
Ideas

視覺行銷的
陳列心法

Rick ／負責人

商品陳列容易犯的錯

① 找到對的商品屬性是重要的，店內曾陳列過一面相當具歷史背景的工藝品，但和店
裡整體的調性不大相符，最後只好捨棄陳列，將商品移換到其他適合的店區。

② 曾販售過服飾類，因沒考量到季節問題，最後留下過多囤貨只得取消此品項。

給新手的陳列建議

① 經營一間店至少需熬過三年，過程中不斷犯錯是常態，從錯誤中學習改善，逐漸會
摸出一套自己的經營方式。

② 要一直有新鮮感與刺激加入，一成不變會很快被取代。

③ 必須確定商店的訴求，是以商家本身喜好、顧客或是商業性為優先考量，以免偏離
主軸，定位清楚勿跟風，避免淪為複製品。

④ 新手可多參考雜誌學習，累積經驗非常重要。

法則042　定義商品陳列的秩序

由於商品強調手感，希望顧客能夠拿起觸碰，因此在陳列時可以加入擺放的秩序，讓顧客拿取與放回後的商品呈現整齊感。由於方便拿取是基本的考量，因此部分商品也可以兩件重疊的方式擺放，顧客想檢閱商品時，直接拿取最上面的那個即可，也不會破壞既有的陳列規則。

法則043　拉升高度的點綴法

為了在長桌的畫面中拉出一個主角，可以在陳列區域的中央，加入較高的平台陳列。突然拉拔出一個高度，並佐配花藝品，添加生活感。

黃金陳列區
的技巧

Hot Zone Display

商品圖紋裝飾桌面

溫事的黃金陳列區是店鋪中央的長桌，此處主打食器類的工藝品。由於長桌的距離較長，考量觀看者視覺接收的有效範圍，無法一眼看盡。因此在長桌上加入襯底、高低變化，以及花藝裝飾等效果，區分出不同區塊。將視覺凝聚在某個焦點上，慢慢走過欣賞觀看時，顧客的視線才有喘息思考的空間。

此外，因為工藝品是時間與歷史累積出的創作，就很適合搭配有年代感的家具。此長桌的表面就有很明顯的使用痕跡，訴求生活、自然的視覺感受。顧客連接到的會是家庭生活的熟悉感，也不會讓顧客感覺到太有壓力。長桌下方的空間為儲物兼藏寶區，有些需較多時間溝通的商品，就會集中放置在底下等待有緣人發現，Rick的思維是，若有顧客願意花力氣蹲下翻找，或許代表可以進行更專業的交流討論。

聚焦 陳列重點

法則044 高處吊掛填滿空間細節

接近天花板與屋頂的交接處,陳列著大量的籐籃商品及植物。之所以會吊掛在這麼高的地方,除了基於空間利用的考量,是另一個目的則是想柔化色彩交接處的明顯線條,讓空間細節充滿更多手作的質感

法則045 加入燈光效果,營造玻璃透亮質地

玻璃杯的商品統一依照商品屬性陳列於玻璃櫃中,讓櫃架呈現出平衡清透的一致性。櫃架中的層板也使用透明玻璃並從底部打燈,讓燈光從底部一路透到頂端,強調其玻璃的剔透感。加入燈光後,由下往上打的燈光,效果較柔和,若是由上往下打燈,效果則較為銳利,可依需要的風格選擇使用。

法則046　裝飾性小物，象徵店鋪個性

櫥窗的陳列先設定為九宮格的畫面，每一區塊都是一個故事與個性的表徵，將
主題點出後，再以小物點綴於窗檯。因為櫥窗的功能主要是讓外面的人夠看見
店內，因此點綴的小物也不宜過大，只加入造型較立體、顏色帶有微微彩色的
元素。小巧但風格強烈，可以讓人快速產生童趣、手作的印象。雖然並沒有刻
意經營櫥窗行銷，但畢竟是店面，保有店主個性外，還是有商業上的專業思
考。

法則047　模擬顧客走逛需求

為了避免造成走逛的不適並降低商品受損的風險，
米力與Rick兩人，也調整了走動的寬度，並加入座
椅供顧客休息。像是靠近內側的走道空間就會留得
比外側寬。以此引導顧客朝內側前進。店鋪中段的
沙發也可紓解走逛造成的疲累。坐在沙發休息的
同時，還可一邊欣賞優美的手工鉛字。畢竟空間有
限，換位思考顧客的感受，才能讓空間的運用與佈
局更貼近顧客的需求。

#藝術精品
#食品
#家飾
#家具
#生活用品
#服飾與配件
#清潔用品
#廚房用品
#圖書、文具

一期一會，珍惜淡淡生活的日常再現

─ GAVLiN 家人生活 ガヴリン

2015年底開業的「GAVLiN 家人生活 ガヴリン」，執行長Genine多年前的日本工作與旅行經驗，讓她開始思考透過開店，分享她對於日本陶器工藝與生活好物的感受。店內販售的品項包含食器、茶具、家飾、老件家具、飾品、生活日用與文具等。輕鬆無壓的店舖環境，充滿了許多豐富生活滋味的居家好物。

GAVLiN 家人生活 ガヴリン

地址 / 電話
台北市士林區士東路 218 號 1 樓 / 02-2831-9108

網 址
https://www.facebook.com/gavlinhome /
http://www.gavlin.jp/

營 業 時 間
週三 ~ 週日 13:30~20:30

店 鋪 坪 數
約 27 坪

該 店 販 售 品 項
約 80~90 項

風格與陳列
的佈局

Style and Display
Arrangement

由於店頭附近有一個台階，為了避免顧客不注意跌倒，因此透過物件和家具的擺放，引導顧客前進。

低矮桌櫃降低顧客消費壓力

在規劃店鋪風格時，如何讓顧客感受到居家、放鬆感是Genine優先思考的重點。

由於空間有限，因此選擇使用機動性高、方便移動的矮桌或矮櫃，作為陳列平台。刻意將商品擺放的高度，平均在視平線或更低的高度。把商品陳列在較低的位置，降少觀看商品時的壓迫感，希望顧客可以抱持著愜意心情，輕鬆走逛店鋪。

而關於店鋪的整體空間規劃，Genine在分區時則會先考量商品的數量與類型，將店鋪分為多個單一區塊，以個別陳列的方式逐漸搭建每個小區塊的表現。區塊與區塊之間並非存在功能性的延伸，重點是將每一個區塊的陳列表現做好，維持舒緩的走逛空間，顧客在觀看不同陳列區塊時，也會感受到商品類型的豐富與變化性。

由於店鋪的空間接近長條型，因此在店鋪的中央擺放了低矮的老件家具作為陳列平台，並將其斜向擺放方式，引導顧客先朝左邊前進，接著再向右逛。S型的走逛動線，也增加了顧客停留於店內觀看商品的時間。

7.7M

入口
▼

商品展示桌

A

商品陳列區

櫃台

商品陳列區

櫃架

櫃架

14M

B
櫃架

C
商品展示桌

櫃架

辦公室

花園

靠近店鋪後段的櫃架，刻意調整為直放，而不貼
緊牆面，運用家具變化出一個隔間的效果。

店鋪後方的區塊另加入椅件，讓空間帶有更多的
家居感。

裡外呼應的陳列設計

　　Genine認為，如果顧客願意停留較長的時間，便可以分享更多店內想傳達的理念。要如何讓過路與周邊的住民認識店鋪，櫥窗與商品擺放的位置則是非常重要的功課。經過一段時間的銷售觀察，Genine發現店鋪客層的年齡層非常廣泛，從20~70歲，橫跨老中青三代的顧客都有。

　　因此，櫥窗區的陳列傾向以新品或較具設計感的生活物件配合情境呈現。而一進門的左手區陳列了日本古工藝陶器，客群多為年紀較大的族群，因此特別將之設置在靠近門口的區域，方便顧客看見。在櫥窗與靠近門邊的區域所陳列的商品，大大地影響了相對應的客群，有時候也會因為更換了某些商品，因此導入一些想像不到的新客人。

　　顧客進門後，可讓顧客願意停留久一點，且有尋寶的感覺。Genine分享達到此關鍵的技巧，是可將同一類的商品分別放置於最靠近店門與店內的最深處。當顧客在門口的陳列區看到有興趣的商品而走入店內後，再將其他同類或相關商品放置於店鋪的深處，便可將顧客帶入店中走逛。而從店門到店鋪後段的過程，再分別加入多個陳列區塊，增加行經的路線，讓顧客能夠感受到每個區塊的商品多樣性，增加顧客在店內的停駐時間，找到合適的商品。

店裡使用許多矮櫃做為地上陳列，讓店內充滿小巧親切的感受。

Visual
Merchandising
Ideas

視
覺
行
銷
的
陳
列
心
法

Genine ╱ Owner

商品陳列容易犯的錯

① 沒有注意到地板的高低差，易造成顧客走逛跌倒。

② 桌子擺放成直向，太過規矩會少了生活感

給新手的陳列建議

① 燈光不一定要直接打在商品上，可間接打在如鏡子或其他區塊，利用折射或渲染的
方式營造氛圍。

② 布巾或桌巾等軟件是改變氣氛的好用道具，小小微調就有大大改變。

③ 注意商品陳列的層次感，立放或倒放會有不同效果，不妨多嘗試。

古樸的多寶格櫃其實隱藏設計趣味，只要加入光
影效果便能呈現出另種氛圍。

法則048　加入生活感的使用痕跡

為營造居家生活的隨興感，可以將桌子稍加斜放，將抽屜微微拉開，打破嚴肅制式的感覺，呈現生活風貌，讓陳列的情境顯得更有被使用過的人味。斜放的桌子，因為有角度，其實也有助於引導顧客行走的方向。

法則049　視線交錯增加陳列層次

在進行陳列時，亦可以從觀看的視線去考量，讓物件與視覺動線形成交錯感，層次也會顯得更為豐富。

法則050　掌握大中小的陳列順序

桌面的商品陳列，同樣採取前低後高的方式擺放。陳列時可從大放到小，最後方的白色木櫃是第一個落點的物件，落下最大的後景後，則接續橫放入最前方的扁長盤，此時桌面已有後高、前低的架構，再將小件的物件填入中段的區域。另外，由於整張桌面顏色偏重、深，可以在局部加入一些顯眼色彩。左下角便放入色彩清新的筷架，讓整體陳列在沉穩中而略帶年輕氣味。

黃金陳列區
的技巧

Hot Zone Display

在店中段必經位置陳列主要商品

　　店內的黃金陳列區為中央走道上的第一個矮桌，此區主要陳列日本特色茶具。除了此矮桌之外，大門進門後所遇的第一個桌子，也是商品周轉率較高的陳列區塊，因此在陳列時也可以運用連結關係，把店內的主商品，依屬性區隔，分別陳列於兩塊桌面上。像是店中段和後段都有陳列茶具商品，顧客在逛時也較容易留下印象。

聚焦 陳列重點

法則051　運用錯落圓型增加隨興感

陳列時同樣先確認後高前低、後重前輕的視覺效果。在擺放商品時，長方形的桌面，原本就帶有安定感。但如只是將桌面分成左右兩側的對齊擺放，則稍微嚴肅。因此在視覺上加入不斷出現的圓形，以及交錯的方向性。前方的空白斜放桌布，具有聚焦視覺重點的效果，看似多點散落的分布也讓陳列顯得更有隨興感。

法則052　深色櫃架突顯粉嫩色商品

靠牆的立面櫃架，適合放置大眾或熱銷商品，因其不需蹲彎觀看，一般大眾的接受度會最高。而此櫃因色彩偏暗，擺放時選配粉嫩色彩的商品，色彩對比的效果可讓商品更為突顯，且也有降低沉重感受的效果。粉嫩色的商品可分別陳列於上下，讓色彩可以更全面性地平衡到整體的櫃架。

法則053　對稱平衡的餐桌陳列

採訪當天的櫥窗主題是海邊的午茶時光，先擬塑四人參與的餐桌風景。以桌面畫十字的中心點為軸心，放入四人餐具。因為餐具較為平坦，另為補足左右側的桌面空白，因此在右方擺入高度較高的手沖濾杯。在穩定的畫面中，仍具有高低交錯的層次感。陳列時也需考量生活經驗，像是餐具可以擺放在距離桌沿兩指寬的寬度，這也是一般飯店擺放餐具的適當位置。

法則054　斜放家具觀看的角度

櫥窗的陳列桌以較傾斜的角度擺放，方便顧客從外面觀看時，不需要從櫥窗正面便可看到此區的陳列商品。

法則055　以燈光渲染周邊氛圍

此區擺放古董茶具相關用品。因為工藝品需要花時間品味沉澱，因而擺放在店鋪最後端，與櫃台距離最遠不被打擾的區域。Genine利用日本工作學來的經驗，配合一盞小燈營造溫暖氣息與氛圍，配合黃暗的暖光帶出情境與生活想像，以木頭老件佐配銅類質材，上方調性沉穩，下方的食器則配合此櫃風格，以較規矩、整齊的方式陳列，形塑整體的印象與個性。

明確分區的複合式
商品佈局

— Quote Select Shop

開立於2015年年底的「Quote Select Shop」以
「引用生活中的美好」為中心思想，將「自己喜
歡」或是「認為好用」的物件齊聚一堂，分享給
顧客。店鋪主要分成cafe、設計商品、服飾以及
Boven 雜誌圖書館選書等四個區塊。店鋪也與設計
師合作推出聯名設計商品，並開設手作課程。除了
經營選品，店鋪也積極地透過雜誌選書、cafe以及
課程等企劃，加強社群之間的互動與對話交流。

092
093

Quote Select Shop

地址／電話
台北市松山區三民路 101 巷 30 號 /
02-27470030

網 址
https://www.facebook.com/quote30
https://www.instagram.com/quotetpe/

營 業 時 間
週一～週日 12:00~21:00

店 鋪 坪 數
32 坪

該 店 販 售 品 項
約 500 項

風格與陳列
的佈局

Style and Display
Arrangement

櫥窗的位置原本是一道牆，後來把牆打破，做出櫥窗；此區擺放書桌，再加上柔和的黃光燈，營造出濃郁生活情境。

積極「導覽」來介紹商品特色

Quote Select Shop成立的時間還不算太長，再加上其複合式的定位，店長Marco在規劃店面空間時，先思考的是「如何讓客戶認識且接受這家店？」為了讓顧客感受到新鮮與趣味感，所以店門口擺放的是設計感強烈，容易手滑購入的的低單價文具商品；單價相對較高、購買前需要思考的生活雜貨與服飾類商品，則放在店面後段。

此外，由於觀察到台灣消費者「在店裡面沒有客人的狀況下，會不敢進來」的習慣，Marco也在店鋪左側加入餐飲服務，最左側的牆面，並與Boven 雜誌圖書館合作每月選書，提供複合式的服務，形塑店鋪的人文與對話可能。櫃台則設在店鋪最後面，目的在於引導客戶走入店內，從前到後完整瀏覽過全店的所有商品。由於店內保留了寬裕的走逛空間，咖啡、精釀啤酒與點心輕食的供應，也讓整個店鋪散發出一股悠閒從容的美式氛圍。

除了提供從容的氛圍，Quote也希望他們販賣的商品，可以實際進入顧客的生活，藉此拉近顧客跟店鋪之間的距離。選物的指標是希望商品在實用功能之外，也能兼具故事性。商品要具有夠強的實用性，再透過解說讓客戶了解其中的故事與深度，理解之後，顧客才能找到購買的需求。

8.7M

5.6M

11.4M

服裝陳列區

C

收銀櫃台

服裝陳列區

商品陳列區

吧檯區

服裝陳列區

廁所更衣室

商品陳列區

B 用餐區

商品陳列區

A

書桌

入口

餐飲區的壁面擺放了**boven**雜誌圖書館的選書，享用飲料與點心時也可覽閱藝術設計相關的國外雜誌。

加購區設在櫃台旁，單價有高有低，主要陳列台灣及國外飾品。不定期以口頭告知折扣，以吸引顧客結帳時順道購買此區商品。

店鋪後段販售服飾和家居生活雜貨，分別陳列不同屬性的商品。

除了販售商品，店裡也提供餐飲，下班後可來此小酌一杯。

以高低差陳列及曲折動線來吸引顧客

　　店內的分區其實蠻單純的，大部分的走逛情境，會是顧客先在門口的中島桌駐足觀看，接著看向右側的設計商品陳列，繞過中島桌後，再走向後方的生活雜貨與服飾。而Quote也很重視與顧客之間的互動，因此觀察到顧客有需要的時候，也會適時介紹，與顧客對話聊天，過程中也會一邊引導顧客走逛的動線。

　　店鋪單純化的動線，把各區域的導向都區分的很明確。因為不希望讓客戶感到擁擠，刻意地控制了展示櫃架與陳列桌面的數量，以換取舒適的走逛空間，動線的分區很明確，方便顧客查找並觀看其所需要的商品。

　　由於門口的中島桌是動線的起點，此區的陳列設計力求要有新奇感，讓顧客進門的第一印象，就能感受到商品的繽紛與豐富感，願意駐足一探究竟。

Visual
Merchandising
Ideas

視覺行銷的
陳列心法

Marco／負責人

雨軒／負責人

商品陳列容易犯的錯

① 把東西攤平讓人一次性地瀏覽完，讓顧客不再駐足細看。

② 把動線設計的太簡單直接，讓顧客一下就走完了。

給新手的陳列建議

① 可以將同一主題的商品放在一起，以增加銷售量。

② 儘量以高低差陳列來吸引顧客瀏覽。

③ 可以藉由冷色系的道具，來突顯暖色系的商品。

❸

有年代感的紅磚牆讓店裡
也帶入老房子的氣質。

法則056　加入玩具公仔的趣味情境

木桌加高的木箱上，將一束束不同顏色的鉛筆倒放在透明玻璃瓶中作為最高點，形成「文具山」、「鉛筆山」的風貌，有趣的是旁邊還加入人物公仔表現趣味感。搭配玩具或公仔，來營造令人會心一笑的場景也是一種加深顧客印象的好方法。

法則057　透過色彩製造活潑氣息

因為是把「文具」、「城市」與「男孩的玩心」等概念相結合。當確立以軌道作為陳列主軸時，就很適合在空缺處置放彩度高、變化多的商品。讓陳列表現出繽紛的感覺，與軌道上的玩具車相呼應。可愛有趣的商品包裝就很適合加入於這樣的陳列設計中。

黃金陳列區
的技巧

Hot Zone Display

桌面加入「地形高低」引導顧客仔細瀏覽

　　放置於店頭的中島桌，是本店的黃金陳列區，也是商品周轉率最高的區塊。由於負責人Marco過去曾具有老師及平面設計師的背景，以往的工作經驗，對於陳列的設計具有很大的啟發。以此區為例，Marco確認門口的中島桌，會放置價格較低、設計感強的文具商品後，接著便可針對商品的特色進行企劃，採訪當天，此區則以「文具城市」為陳列概念，加入其他道具的擺放，將商品的色彩、設計感、與「大男孩的玩心」相連結。譬如：整個陳列最吸睛的是可愛的玩具車軌道，左右穿引的軌道，同時牽動著觀看者的視覺動向。軌道空隙之間則陳列著色彩鮮艷的橡皮擦、卡片夾、印章、桌曆等文具小物，當視線跟隨軌道上下游走時，同時也可以感受到商品的豐沛感。

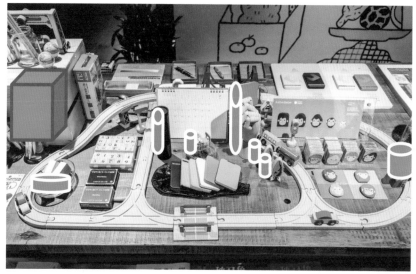

法則058　加入地形模式的效果
由於軌道是平面，如想強化視線穿引的起落與交錯感，此時就可以加入一些不同造型的立體商品或道具，讓高低差層次充分展現出來。譬如：最左側擺放木箱架高的區塊，軌道中央高低不一的商品與陳列道具，有助於豐富陳列的細節，不會讓觀者感覺一眼就看完，而不願意駐足停留。加入高低的落差，甚至有可以引導顧客從高點觀看至低點，掌握顧客觀看的動線後，其中便可放入希望露出的商品。

法則060　利用道具，加強材質對比差異
皮革製的眼鏡盒、皮包、零錢包等商品，若直接擺放在木質的桌面上，商品的質感與色彩很容易會被桌面底色給吃掉，而無法突顯。像這種狀況時，便可在商品下方襯墊一個不同質感的道具，運用材質與色彩的差異，跳出商品的特徵。譬如：在木桌放入冷冽感的金屬展示台，再放上皮革製品，對比之下皮革的溫度性與紋理感都明顯提升了。

法則059　左右對稱的均衡布局
服飾類的商品擺放在店鋪的內部，將男女服飾區以「男左女右」的方式在壁面上進行陳列，透過左右兩側的對稱布局，營造牆面協調均衡的感受；上衣襯衫類的商品以吊掛的方式方便顧客挑選。長褲則折放堆疊在較低案的小桌。水平視線的櫃架擺放的是帽、襪等配件小物。單價較高的男女皮包，則放置在架子較高處，以避免被碰壞。

法則061 陳列設計的正面原則

陳列時要去思考顧客的動線，由於顧客是會走動的，因此桌面的前後兩面，都可以加入陳列的設計。力求讓顧客看見的是陳列的正面，視覺上也會比較整齊。

法則062 以商品功能性進行陳列

在同一張桌子分出多個小區域的陳列時，區域與區域之間各自雖然是獨立，但周邊的商品最好可以相互連結。例如：蜂蜜罐的附近，擺放了可以裝蜂蜜的造型瓶，以及杯子，而杯子又連結到盤。找到商品之間的邏輯，銷售時就有機會連帶賣出。

延伸層架置物的雜貨陳列術

— Woolloomooloo ◦ Yakka

開立於2007年的Woolloomooloo，店名取自澳洲雪梨附近的一個區域，由於負責人曾留學澳洲，返回台灣後便開立了這家澳洲風格強烈的餐廳。2014年，更在Woolloomooloo Xin Yi店隔壁，開立了Woolloomooloo ◦ Yakka。延伸自家餐廳的食材選品標準，精選來自歐美與本土的優質食材，並提供新鮮烘焙麵包、甜點與外國啤酒，將自家定位為天然美味的歐美風格雜貨店。食品約佔選品的七成，其餘販售品為食器、生活用品、香氛沐浴及書籍雜誌等，空間營造成工業簡潔且帶有溫馨感的療癒店鋪。

Woolloomooloo ◦ Yakka

地址 / 電話
台北市信義區四段 385 號 /
02-8780-6278

網 址
https://zh-tw.facebook.com/Woolloomooloo.Yakka

營 業 時 間
週一 ~ 週日 09:00~22:00

店 鋪 坪 數
約 18 坪

該 店 販 售 品 項
約 600 項

風格與陳列
的佈局

Style and Display
Arrangement

豐富多量滿塑雜貨感

因店鋪以「雜貨店」為設計概念，負責人Jimmy特別在乎商品必須盡量將空間全放滿，不需特意留白，愈滿才愈有雜貨店的隨興與豐富度。也因為空間有限，如何在有限空間中表現陳列的豐富度，家具的使用便很重要。規劃空間時，建築背景出身的Jimmy便將右半面直接設計成多隔層架，運用層架在有限空間中放入商品。也因餐廳主打外國啤酒，所以特別訂製整面落地大冰箱，顧客一眼就可看見啤酒的多種類與數量。

同時，為營造工業簡潔的風格，多數使用鐵件將建材外露，能呈現不矯飾的真實風貌。但因本店販售品以食物為主，不適合讓空間感覺太過冷調，因此大量運用木頭材質搭配出溫馨感，讓空間透出溫暖的味道，配合暖色的黃光打亮，更可塑造出易於親近的氛圍。

因此，店鋪的空間規畫簡單明朗，主要是把商品放在左右兩側，觀察店裡的顧客習慣，除了特地上門購買甜點或啤酒的顧客，多數陌生客會先逛逛自家烘焙麵包區旁的小用品，看看新鮮烘焙的食物櫃，再往右手邊的大貨架逛起，通常會以左右交互覽閱的Z字形動線往店內移動。

除了食品，店裡也有販售許多生活用品。

店頭雖然低調，但在櫥窗中會陳列主推或造型獨特的生活用品。

右側櫃架的末端則擺放了大量的酒類，店內也有販賣許多進口的特殊酒款。

左側蛋糕櫃的上方，並陳列了多種生活物品。從食物到食器，店內都有販售。

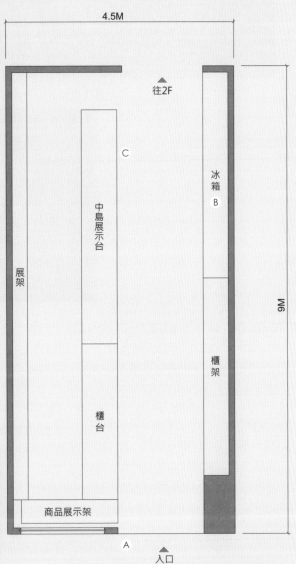

104

105

櫥窗可擺放色彩較為強烈的商品，
吸引顧客注意。

店鋪動線非常簡單，不過左右
兩側卻擺滿對稱商品。

功能性分類，延伸購物提高客單價

店內主要販售的是日常食品與用品，每天都會進貨，因此貨架上的商品狀態也是頻繁地變化。幾乎每兩三天就會依商品數量而改變陳列位置。也因為商品數量多且流動速度快，陳列時的擺放基礎就是「一定要將貨架放滿」，維持乾淨、整齊的視覺效果。

陳列時主要會以功能性進行區分，像是食材、生活日用、雜誌區等，都會盡可能依照類別分開擺放，方便有需求的顧客，輕鬆分辨不同類型的商品屬性。

另外，也會考量顧客購買商品的目的性，加入相關商品陳列，延伸商品的附加需求。像是油品旁邊會放醬料，醬料旁邊再放麵條，從油品到麵條，都是烹煮出義大利麵所需的相關食材，這需要先思考到顧客來店消費的目的，再以此進行延伸。站在店鋪的角度，業主或許無法明確掌握每一個顧客的消費目地，不過嘗試在陳列中捕捉顧客的需要，有時也能促使原本無此需要的顧客，產生相關需求，故也是刺激顧客消費的方式之一。

Visual
Merchandising
Ideas

視覺行銷的
陳列心法

李思慧／店長

商品陳列容易犯的錯

① 沒有留意到購物視線，擋住商品陳列的位置。

② 低矮處放置易碎物，容易讓商品受損，或讓顧客發生危險。

給新手的陳列建議

① 擬定店面的風格，多觀摩相似店家從模仿開始入門。

② 多嘗試多試擺，久了就能摸索出手感。

③ 維持乾淨整齊是重點，商品清潔是基礎，不可忽略！

4

堆滿堆高的陳列，傳遞給顧客商品
數量繁多的心理印象。

法則063　加入支撐，立放呈現易塌場商品

此塊區塊是店鋪的黃金陳列區。由於空間有限，無法陳列體積大的商品。因此店家主攻小包裝、可隨手攜帶的食品。但部分類似商品，不易陳列，常常會因為包袋易塌場商品容易顯得無精打采。因此在擺放袋裝商品時，可在商品後方利用盒箱圍塑出一個範圍，使其有所倚靠。或是多量堆疊使其立起，就能讓商品更有立體感。

法則064　盒籃集中陳列，表現滿盛感

其他無法全部陳列在黃金陳列區的包袋類商品，則可使用籃子將其集中擺放，一方面可以表現出豐滿的感覺，亦可降低陳列的雜亂感。顧客在選購時，不易弄亂該區域，對於員工的補貨及整理也較為便利。

法則065　運用自然色彩吸引過路客族群

在靠近店頭的櫃台下方，則加入各式水果的陳列。水果會以木箱裝盛，木箱中會另以紙箱分裝。把水果放在這個位置是因為水果具有豐富的色彩，可以透過色彩，吸引過路客的注意「這裡怎麼有賣水果？」進而走入店內。在陳列水果時，為了表現出豐富的繽紛感，不宜把相同色系的水果放在一起，讓水果的色彩有所區隔，交錯出多彩的氣質。

黃金陳列區
的技巧
Hot Zone Display

針對顧客反應擺放合適商品

　　店內的黃金陳列區其實是位於櫃台左前方區的一小塊區域。雖然只是一個小小的區塊，但因結帳包裝都需在此等待，相對來說也是顧客停留最久、也最熱銷的區塊。

　　此區塊由於位於收銀台旁邊，因此非常容易被顧客注意到。也曾試過曾把某些滯銷品改放至此，銷售量都會有所提升。受限於空間，此處通常會陳列新推出的商品、折扣商品，或是可以隨手帶走、小包裝的零食餅乾類，愈能手滑購入的商品就愈適合擺放在此處。

聚焦　陳列重點

法則066　搭配收納的小包分裝陳列

考量顧客用不完大份量的香料,故將香料以透明夾鏈袋分裝成小包,透明質材易於顧客輕鬆挑選。刻意將香料放置在地上的木箱中是為了營造挖寶翻找的樂趣,木箱內再以紙箱做內裡隔層,使其整齊擺放,也便於區分香味。

法則067　展示糕點內餡,有助想像口感

店內甜點是人氣招牌,在陳列甜點與蛋糕時,為了讓顧客快速認識商品特性,可以展現出甜點的多層次與內餡。通常會將蛋糕的切面朝外,讓顧客對內餡一目了然,也較容易提升購買物慾。

法則068　集中擺放色彩感較強的商品,引導視覺

因場地空間限制,櫃台後方的區域多為庫存區。雖然是庫存區,但只要顧客結帳,就一定會看見此牆面,因此位置可說非常鮮明。雖然是擺放庫存商品,但擺放時仍維持乾淨整齊的大原則。此外,陳列時也可以把顏色鮮豔且較美觀的商品放置於與視平線等高的區域,引導顧客視線。色彩輕但數量多的玻璃罐,則放置較高處,減輕視覺壓迫感。頂端則擺放輕巧的自家購物袋,同時作為品牌的形象宣傳。

法則069　櫃架中再加入層板分區

如上所述，雖然是庫存區，但其實也是陳列區，因此也要記得把商品特徵呈現出來。除了利用色彩聚焦之外，可以盡量完整呈現商品包裝或其造型。櫃架之間再分出上下的層板，讓以空間得到最大的使用效益。

法則070　數大便是美的填滿陳列

店鋪右側採取整面櫃架塞滿的方式呈現。其中接近店門的右1與右2櫃，通常會擺放生活用品。由於店鋪位於大馬路旁，好天氣時灑落的陽光會照到進門右手邊的前兩櫃，因此靠近門口右手邊的商品會以不怕被曝曬的日用品為主，以免影響食品的保存狀況與新鮮度。整個牆面的商品佈局比較機動，雖然沒有固定的分區規劃，不過會盡量依照顧客需要，把可連結的食材放置在靠近的地方。不過，更大的前提則是把櫃架放滿，表現出商品的豐富感，也希望顧客每次來到店裡，都可以發現新意。

＃圖書、文具
＃廚房用品
＃清潔用品
＃服飾與配件
＃生活用品
＃家具
＃家飾
＃食品
＃藝術精品

蓄積設計力的陳列情境

— Follow Eddie

「FOLLOW EDDIE」的店主Eddie，本身也是為平面設
計師，於2016年創立了這家複合式選品店鋪。店內結合
家居生活選品、藝文空間與品味咖啡等。Eddie希望把自
己的個性逐一表現在店面空間中，其選品多走北歐極簡風
格，多數為丹麥品牌。從店鋪空間到單品，皆維持乾淨、
素雅、不花俏的簡約風格。

112
113

Follow Eddie

地址 / 電話
台北市士林區德行東路 229 巷 1 號 /
02-2838-0758
網 址
goo.gl/N2UxnV
營 業 時 間
週日～週四：12:00~18:30
週五、週六：12:00~21:30
店 鋪 坪 數
約 37 坪
該 店 販 售 品 項
約 100 項

風格與陳列
的佈局

Style and Display
Arrangement

大片落地櫥窗上，並加入插畫家**Mimy**的油漆手繪，非常顯眼。第一印象便可感受到店鋪素雅也活潑的獨特氣質。

情境陳列，將想像擬塑現實

由於店鋪的定位是家飾雜貨，因此在規劃空間區域時，Eddie也從「家」的功能展開空間想像。由於希望可以表現出「回家」的感受，因此大幅採用情境式陳列，擬塑出他想傳達的居家氛圍。

而在規劃空間分布時，則會先設定好不同區塊的屬性。將進門後的左方設定為客廳區、右方為臥室區、跨過櫃台後則為廚房區。空間的屬性定調後，再加入大量情境，呈現商品特色與實用性。情境式在整體店鋪中約占七成比例，不過為了顧及坪效，仍保留三成的空間作為一般型的陳列，讓單一商品有多種陳列方式，加深顧客對商品的印象與使用想像。

對Eddie來說，一般的陳列較難呈現商品特色，因此在陳列畫面的美感與表現上，他認為仍必須做出層次感，才不會讓陳列流於呆板且平面。因此，運用高低差、顏色的對比交錯、方向的左右變化，都是能讓陳列透過小細節，吸引顧客注意的技巧。畢竟能吸引顧客矚目，才有被觀看及消費的可能性。

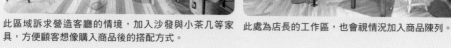

此區域訴求營造客廳的情境，加入沙發與小茶几等家具，方便顧客想像購入商品後的搭配方式。

此處為店長的工作區，也會視情況加入商品陳列。

沿著邊緣走逛的動線設計

　　而在動線的構思上，Eddie認為小店的空間本來就有限，雖要顧及坪效，但仍盡可能保持走道與動線的流暢度，不要有擋住動線的物件或是裝潢存在，要讓顧客能夠沿著陳列架的動線順暢行走。入店後向左，或往右則不需限制，重點是需確保顧客走逛時是否有干擾。因此，Eddie特別著重於店門的正前方必須空曠寬敞，有如居家的玄關一般，寬闊的店門空間才能傳達給顧客，舒服無壓的逛街享受。

　　為符合舒暢的走逛原則，店內多採用活動式平台陳列商品，因其變化性、組合性皆高，同時亦是商品可作為展銷使用，在不浪費空間的前提下也獲得更大運用空間。

擺放重點商品的長桌，盡可能讓商品陳列在桌面或下方，避免干擾動線。

店裡販售的家具商品，也以生活化的方式加入店內的陳列。

Visual
Merchandising
Ideas

視覺行銷的

陳列心法

Eddie／負責人

商品陳列容易犯的錯

① 必須呈現商品的特色與功能，若是單純擺放，無法為商品加分。

② 商品擺放過於平面，讓顧客不想拿起來欣賞。

116

117

給新手的陳列建議

① 多擺放、多嘗試，擺放久了就抓到手感。

② 運用植物是不錯的道具，植物是生命，能調配出畫面的生活感。

③ 陳列可大膽嘗試，打破慣性的思考與放置地點，多參考國外雜誌培養美感。

法則072 打破即有規則變化

陳列時若在規則中加入一些變化，可以讓畫面感覺更為豐富。譬如將剪刀的位置上下顛置交錯擺放、將小門把黑白兩色交錯擺放。如單一造型反覆出現得太過頻繁，也可適時插入其他物件點綴或打破既有的規則。

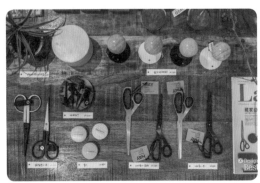

法則071 宏觀的佈局思考

因長桌面積寬長，容易流於平面且無特色，必須特別著重於層次的鋪陳。從側面來看，如表現出有如山坡慢慢向上爬升的高度，在觀看商品時，便可以清楚覽閱桌面陳列，同時也具有立體感。因此擺放物件時，無論從側或正面欣賞，都要有一定的層次感。而空間層次的順暢性，亦可宏觀地從整體空間來看，由於牆壁櫃架已具有相當高度，長桌的擺放的位置也貼近櫃架，因此將視覺高點從櫃架順沿下來，以此引導觀看視線的方向性。

黃金陳列區的技巧

Hot Zone Display

將豐富品項收納為素雅風格

　　店內的黃金陳列區為進門後右手邊的長桌，主要擺放文具類商品。顧客在櫥窗外多會被其他區塊所吸引，但此區是相對在店外看不清楚的區塊，入內後顧客反而會對其感到新鮮及好奇，且因其呈現面積較大，多可吸引顧客前來欣賞選購。

法則073　低矮處仍加入陳列設計
一般桌面下方的空間，都會擺放大型商品或當作儲物的空間，盡量不要讓下方感覺虛掉。但在桌面的下方，還是可以運用大小商品的差異，變化擺放位置。會比單純把商品塞到桌面下方來得更吸引人注意。

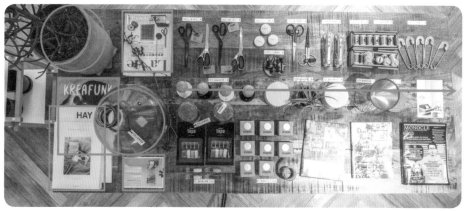

法則074　加入參考線的高低變化
桌面的左邊首先放入大型盆栽、透明器皿以及書本，先穩定重量感，並加入大塊方與圓的意象。接著將小物件在桌面中段擺放成一直線，如同替桌面畫線般，區隔出上、下兩個區塊。在此特別注意，中段並排成一列，可運用幾個高度較高的物件（如右二的咖啡壺），穿插於中段線條之中，讓畫面有高低起伏，做出破格般的變化效果。

聚焦 陳列重點

法則075　延伸視覺穿透性的櫥窗陳列

櫥窗區的陳列需考量內外觀看雙面呈現的效果。因此在靠近櫥窗的櫃架上層，可以擺放較大、較高型的單品或搭配植物或乾燥花拉拔高度，以吸引行經的路人。此外，此區塊特別擺放有穿透性的玻璃材質，一方面是可以降低雙面觀看的問題，另方面也盡量讓外部的自然光穿入店內，讓整體櫃架的組配感覺不至於過於厚重。運用玻璃的高低與顏色差異，建構出層次感與立體度。

法則076　低中高層架的商品擺放順序

整個貨架依材質、風格為分類。擬定分層時，先把大型寬版的物件置於最下層穩定櫃架重心，細窄長的物件則落在最高處，延伸視覺高度。中間位置則填入較為小件的物件。盡可能讓同商品以單層為擺放範圍。

法則077　奇偶數的商品擺放變化

若物件數量為奇數，則可讓商品分為前後兩排呈現，譬如後方兩件、前方三件，做出層次的變化。若物件數量為偶數，則可前後皆放置同樣數量，但建議可以稍微錯位擺放，盡可能避免前後對齊，就能有更活潑的效果。

法則078　運用地毯營造區域氛圍

地毯是讓區塊更顯眼的小道具之一，同樣的空間，是否有加入地毯，呈現的氣氛便能截然不同。若訴求情境式的陳列，可運用亮、溫暖或可愛色的地毯先做出基底色調，接著再依狀況搭配各件單品，讓整個區塊更有層次感。

法則079　運用布匹局部點綴

此塊布其實是做為區隔店鋪空間與後方工作區域的低調遮掩。工作區域的前方原本就只是欄杆，考量後將不透光的布料披掛在欄杆上，稍微遮蔽後方工作桌的雜亂與隨意感，布匹的色彩與圖紋也可在店鋪中加入一些視覺上的變化趣味。

恪守氛圍，變化陳列引
導上下交錯視野
— Washida HOME STORE

2007年創立於台南的服飾品牌Washida，經過8年的耕耘，在2015年台中開立了第二家結合咖啡店、藝術空間與生活服飾選物的「Washida HOME STORE」。延伸品牌原本的簡約生活美學，堅持店鋪空間同樣要維持乾淨、留白的設計主軸。

122

123

washida

Washida HOME STORE

地址 / 電話
台中市西區中興四巷 4 號 /
04-2301-6981

網 址
https://www.facebook.com/washida.home/

營 業 時 間
週一～週日 14:00~22:00

店 鋪 坪 數
約 50 坪 (不含 B1)

該 店 販 售 品 項
約 400 項

風格與陳列
的佈局

Style and Display
Arrangement

店頭的咖啡吧檯區，加入咖啡的銷售，的確有助於
增加過路客的注意力。在等待咖啡的過程，也可以
讓顧客對於店鋪有更深的認識。

留白放鬆的簡約美學

　　創意總監Monique表示，「Washida
HOME STORE」是她與夥伴Walass對
於美好生活的理想實踐，想像在悠閒
的空間內，能不被打擾，放鬆地享受
一杯咖啡時光。因此，當決定要在台
中開立第二家店鋪時，店鋪裡最先定
調的區域，其實是店頭的咖啡吧檯。

　　咖啡吧檯放置店頭處主要是希望吸
引更多客人進入，即便是外帶一杯咖
啡也可以創造店鋪與陌生客的交流。
由於店門採用落地窗的設計，因此也
會隨著季節，讓店門敞開，用咖啡香
吸引顧客。

　　除了加入咖啡經營的策略，因為品
牌的最根本價值在於簡單、舒適的生
活美學。因此白色也變成店鋪風格的
主要原則。白色幾乎佔了全店色彩的
80%，大面積的留白，也營造出簡潔無
暇之美學。

　　不過隨著商品數量的增加，卻也發
現空間愈來愈不夠用。如何取得空
間與商品陳列數量的平衡，也成為
Monique與夥伴時常拉鋸討論的問題。
此時只能思考更有效率的商品收納方
式，或以活動式矮櫃架的方式，陳列
部分商品。

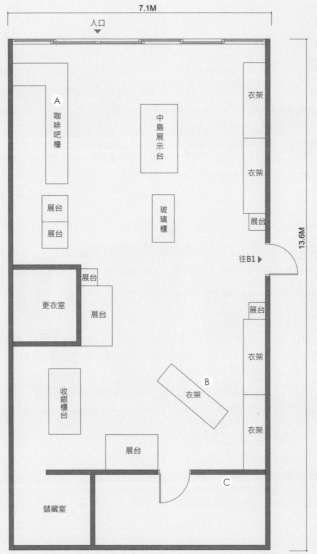

7.1M

入口

A
咖啡吧檯

中島展示台

衣架

衣架

玻璃櫃

展台

展台

展台

往B1 ▶

13.6M

更衣室

展台

展台

展台

衣架

收銀櫃台

B
衣架

衣架

衣架

展台

C

儲藏室

店鋪前段的服飾定位是日常經典，店鋪後段陳列的是設計性格比較鮮明的服飾。此處的服裝較常隨著主題變化，陳列的氣質也比較活潑。

店鋪最深處的空間則是有一塊圖書展覽區，此處會陳列店鋪選書，並會販售藝術家與設計師商品，或因主題規劃展覽。

櫃台旁有一小塊加購區擺放生活小物供顧客參考。

店裡空間寬敞簡約，搭配老件家具讓空間中帶有一點樸質氣質。

店鋪後段會以主題的方式陳列不同風格或其他合作品牌的選物。

客人為主的動線設計

店鋪的動線主要分為兩種路線，一是直接上門買咖啡的客人，會走往咖啡吧檯區點咖啡，等待咖啡的過程中，會再沿著走道進入店鋪後方，接著再前往櫃台買單結帳；二是進門後先看到店頭的陳列平台，再一路由左方瀏覽服裝，沿著路線走進後方實驗性較強的陳列區，若有興趣才會踏入最深處的書店展區。由於店鋪的空間寬廣，因此主要會把商品陳列在分為左、中、右三邊，讓顧客靠右或靠左行進。這也是Monique自己試走過多次的心得。

而關於商品的佈局，前半段以基本款、熱銷品牌為主，後半段則以較為實驗性的服裝為主力，如此安排的原因在於，非熟客上門時，能用較平緩親近的視覺為其留下印象。

Visual
Merchandising
Ideas

視覺行銷的
陳列心法

Barry ／店長，Manique ／創意總監

商品陳列容易犯的錯

① 眼鏡與彩度高的商品陳列上仍無法駕輕就熟，還在嘗試找到更理想的陳列方式。

② Monique覺得自己在陳列時擺放得太密集與擁擠而干擾其他物品的視線。

給新手的陳列建議

① 先抓出大方向，小的元素再逐一加入。

② 做出特色與差異化非常重要。

③ 陳列不外乎多擺多嘗試，維持店鋪的獨特性才是黏著客人的因素之一。

④ 不要害怕與競業成為朋友，能互相交流、激發靈感也能集中進貨降低成本。

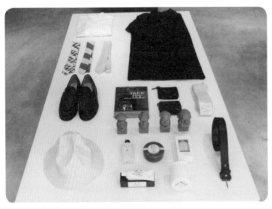

法則080　低平台陳列，製造多角度觀看可能

高度偏低的展示平台，優點在於可以從不同方向欣賞平台
上的商品。顧客能夠以不同角度確認商品的造型與特色。
此外，即便只是把商品擺放在上面，也會因為視線降低，
純粹的直放或立放就可以帶來畫面感。配合店內的大面落
地窗，從店外就能看見展示台上的選品，激發顧客的好奇
心。

法則081　掌握平面與立體的平衡

因為視角低矮，從上往下看時，連帶地也會使商品呈現地
更加清楚，而在陳列時，可發現平台上方將服飾平放，呈
現大塊面積感。下方則集中擺放立體感強的皮帶、杯子等
小物。下方面積感弱，但立體感強，讓視覺取得平衡。

法則082　掌握商品寬度，變化多欄陳列

在陳列商品時，Monique習慣以奇數當作其陳列原則。譬如此處的書本與襪子，與上方風衣等寬，向下再
分出三欄，變化三欄的商品高度與寬度變化，維持視覺的協調性。

黃金陳列區 的技巧

Hot Zone Display

利用低矮空間大面積展示商品

　　店內的黃金陳列區為店頭的主題陳列平台，此平台並特別降低高度，使顧客可以從遠處一覽平台上的物件。此區會依照企畫主題，陳列相關商品。採訪當天的主題便是熟男紳士，想像紳士治裝或日常生活，所需會使用到的物件，以攤平的方式表現物件的造型美。

　　搭配擺放較有童心的公仔，讓駐足欣賞的客人能對此產生聯想或共鳴；因高度較為低矮，擺放技巧與視角間的關聯，也是需要特別考量之因素。

聚 陳
焦 列
　 重
　 點

法則083　水果攤取經的斜角陳列

以日本水果攤為概念特別訂製的櫃子，其分格空間適合
做為小範圍的商品陳列台。因為品項區分清楚明瞭，每
一個小空間都可以變化一種主題，可以隨商品特性斟酌
使用，高單價的商品更可加入玻璃蓋保護，應用的範圍
多樣且好搭配。

法則084　老櫃架展示，提升商品價值感

玻璃矮櫃是店家的個人收藏，拿來搭配
單價較高、質感做工一流的鞋品。當商
品被收放在玻璃櫃架中，容易造成顧客
心理上的距離，因此自然地會覺得商品
具有精緻感，也藉此讓顧客理解櫃內擺
放的是高單價的商品。

法則085　內外互看的觀察趣味

由於店舖外有一個小庭院，許多過路客常因為不熟悉而不敢貿然踏入店內。因此在裝潢的時候，特別把庭院
外面的圍牆挖出一個小洞，讓行經的路人可一窺其內。營運後發現，的確有許多過路行人會透過此洞觀察店
舖內容。

法則086　收斂商品的彩度

由於空間以白色為主要風格，如何維持陳列
色彩的協調性則是一大難題。除了在選物時
要先過濾色彩感較強烈的商品外，少部分多
彩的商品，則可以統一收納在一個箱盒容器
中，只露出側邊以收斂彩度。

法則087　上下視角交錯的陳列設計

來到店內會發現Washida HOME衣架的高度，比一般服飾店更高。它們刻意把衣架提高，讓衣架下方露出更多
空間，並利用非常低矮的展台進行陳列。被置放在低矮展台的物件，通常是立體或造型感較強的商品。低矮的展
台表現，雖容易讓顧客忽略，但因為店鋪空間充足且色調乾淨，因此顧客從遠處就可以清楚看見地上的展台，走
近時觀看服飾時，很難不會順便低頭一窺究竟。

SUCCULAND
Succulent & Gift

眾多細節聚集而成的飽滿陳列

― 有肉 Succulent & Gift

創業近半年的「有肉Succulent & Gift」是新型態的多肉植物聚合空間，聚集台灣30家以上的多肉植物相關品牌，以及設計盆器於店內，希望讓顧客在這個充滿綠意的空間中，充分感受到多肉植栽與盆器的溫度，享受生命的美好，領會有肉植物所帶來的療癒作用。

有肉 Succulent & Gift

地址 / 電話
台北市大安區四維路 76 巷 19 號 1F /
02-2701-7257

網 址
www.succuland.com.tw
營 業 時 間
11:00-21:00
店 鋪 坪 數
62 坪
該 店 販 售 品 項
上千件

風格與陳列
的佈局

Style and Display
Arrangement

主打溫暖陽光風，依品牌區分展售空間

「有肉」所販賣的商品，都和多肉植物有關，他們與台灣三十多位設計師合作，創作出木頭、金屬、水泥、玻璃等等不同材質的盆器來盛裝多肉植物，讓多肉植物盆栽跳脫傳統塑膠材質盆器，讓植栽變化出不同的氛圍。由於主要的客群以女性居多，因此希望顧客來店後能夠很舒適地逛、感受到店內的活潑生氣。也因此「有肉」走的是「溫暖陽光」風格，店內使用白色牆面及原木色層架、盆器，搭配多肉植物的鮮綠，並打上仿日光的白色照明燈，讓店內從早到晚都散發著新鮮、活力與朝氣。

也因為有肉合作的品牌眾多，如何讓每個品牌都有各自的展售空間，好讓品牌商品完整地被消費者看到，是「有肉」在規劃店面空間時最先思考的重點。踏入有肉的店門，門口的主展區及其右側層架上，會依當月展覽主題，融合各種不同品牌來陳列。從主展區旁的牆面展架開始，則依品牌將盆器分別陳列在不同展架上，希望客戶逛到每一區，都能感受到不同的氛圍。

除了桌面，壁面也陳列了大量盆栽。

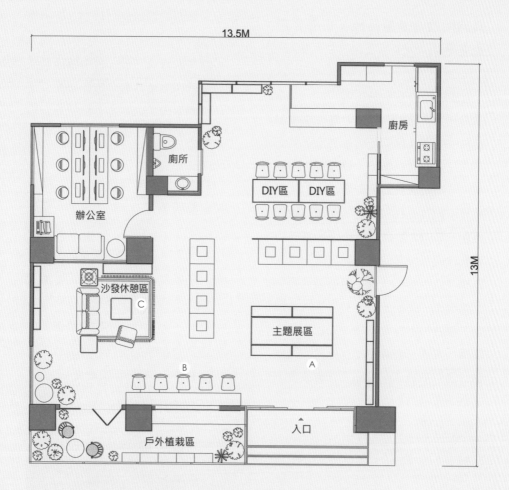

13.5M

廚房

廁所

DIY區　DIY區

辦公室

沙發休憩區　C

主題展區

B

A

入口

戶外植栽區

13M

A

一進門迎面的展桌，上方用看板
作為主視覺來突顯每月主題；每
月更換一次展出主題。

B

由於店內商品繁多，店內落地玻璃窗後設有
座位，讓客戶逛累了可在此處休息。

C

沙發區刻意營造出居家氛圍，客戶在等待
組盆時，有時會順便看看架上的書刊、雜
誌，或加購文創商品。

高詢問度商品擺最後，引導客戶走完全店

把主展區的商品放在店門口，是希望第一次來訪的顧客，能夠先以主展區為主要觀賞重點，然後再沿著牆面不同品牌的展示區一一瀏覽。店內並擺放了數盆醒目的大型多肉植物，以此吸引顧客更往店內走。陸續經過組盆DIY桌與大型多肉植物區，接著逛到最裡面及旁邊的混合商品陳列區。最後繞到櫃台另一側，繼續瀏覽幾個品牌展架的商品。除了初次來訪的顧客，現在很多消費者也會先在網路上搜尋，先調查商品後才來店內。因此對於詢問度最高的商品，就會放置在店面最後端的混合陳列區中，技巧性地引導顧客走完全店。

當顧客選好商品後，會引導他們在櫃台旁的沙發區休息、等候組盆。而在等待的過程中顧客也會順便看看櫃架上的文創商品、書刊雜誌，有興趣的話還可便可加購。

由於店裡販賣的是植物盆器，顧客有時會需要蹲下來，挑選放置在櫃架最下方的盆器。所以在走道規劃方面，會留有一個人蹲下看盆器時，另一個人仍能從背後從容走過的舒適寬度。也因為販賣的是帶刺植物，顧客走逛時會不太敢靠近植物，也因此店員們通常會把帶刺植物往裡面放，隨時提醒消費者小心不要被刺到。

結合盆器與掛飾，造型可愛美觀。

1

Visual
Merchandising
Ideas

視覺行銷的
陳列心法

信雄／創辦人

GP／創辦人

Samantha／創辦人

商品陳列容易犯的錯

① 把商品放在同一個平面，讓人感到十分單調。

② 商品陳列數量很多，但未有留白區塊，使整間店顯得相當擁擠。

③ 走道寬度留得不夠，讓客戶碰到商品或被突出物刺到。

給新手的陳列建議

① 銷售不佳的商品可試著更換陳列位置，以增加銷量。

② 詢問度高的商品可放在店面較後面，吸引顧客走入瀏覽。

③ 可用木箱、木盒，或訂製道具來陳列商品，儘量讓商品陳列起來高高低低的。

④ 用日光燈照明打亮全室，能讓店裡呈現出朝氣與活力。

由於盆器具有各種風格，陳列時也須考量適合的色彩和道具，呈現其氣質。

法則088 多面陳列，增加陳列空間與觀看層次

店門口的商品展示區塊，以企劃主題的方式呈現店內商品。由於多肉植物的體積與造型較小。因此把三張大小不一的桌面聚集成一個區塊形塑量感，再於桌面上陳列出盆栽的情境。主題區的背面，則加入利用空心磚搭建出階梯般的展台。分出三層平台，增加商品的陳列數量。

黃金陳列區
的技巧

Hot Zone Display

多塊桌面集合陳列區域

有肉的黃金陳列區位於一進門口的商品展示桌以及右手邊的層架，都是「有肉」的主題策展區，每月會更換一次主題，像是去年冬天就曾企劃「聖誕交換禮物專區」，採訪當天則以「動物狂歡」為主題。透過主題展覽的方式，將多肉植物、設計盆器與動物進行連接。因此，此區塊的選品便會陳列著有動物造型或名稱的多肉植物，例如「貓頭鷹」造型的盆栽，或名叫「不死鳥」的多肉植物。

右方的櫃架同樣是主題區的一部分，不過此處會再呈現出各種品牌的設計盆器。由於架上有一格格的分區，能分門別類地展現出各品牌的材質、造型，以及特色；有點像是在入口處，便把整家店的精華凝縮於此，因此該櫃架也是本店周轉率較佳的「黃金陳列區」之一。

法則089　利用家具造型，變化陳列醒目度
右側的展架也是本店的黃金陳列區之一，展架的運用也加入了一點小巧思，中央的展架稍寬，相對於左右兩邊，視覺上便可帶有前進的效果，稍微突出的櫃架，在視覺上會讓人感覺較為醒目，也更容易引導顧客觀看商品。

法則090　趣味小物，提升觀賞樂趣
在陳列中適時擺放趣味公仔，造出一個類似植物園的小情境，顧客可以感受到可愛溫馨的氛圍，而當顧客實際購買植栽回家後，也可以運用相同的手法，在自家變化不同的場景。

聚焦　陳列重點

法則091　左右對稱搭配材質對比

由於合作品牌眾多，商品陳列是依品牌來陳列在不同展架上，但不同展架之間，仍儘量找尋相似的平衡點。例如：雖然是對稱地擺放兩個相同的層架，但左右兩側的商品材質，便可加入差異，水泥材質對比木頭材質，同時陳列時，不僅方便顧客參考比較，視覺上也讓對稱中加入變化。

法則092　鋪滿綠意的視覺張力

店門口及門口左側陳列了不少大型多肉植物，是吸引遊客拍照的景點，把一排排多肉陳列在外，並藉由空心磚來堆疊出層次高低，主要是希望顧客經過時，能直接感受到叢叢綠意，一眼就知道此店的營業項目是什麼。

法則093 前低後高的陳列佈局

店內販售的許多設計盆器，造型都偏小。如果只是整齊地擺放在層架，視覺上會無法突顯，且顧客也不方便看到重點。如果商品的體積不大，就可以將商品分為前後兩排，後排的商品可以襯墊木板或木箱增加高度，使其更容易被看見。而在設計陳列時，可在場景中加入一個高點，讓視線遊走高低之間。

法則094 運用磁鐵的陳列創意

店內亦有販售頗有創意的磁鐵盆栽，盆器背後加入磁鐵設計，在陳列商品時便可直接，貼在鐵板上，突顯商品特色。

法則095 多材貨的綜合陳列

用玻璃材質及白色盆器盛裝，讓盆栽顯得格外潔淨與細緻；用高低不同的木板、木盒、木箱作為道具來陳列，以呈現出立體感與層次。

法則096 店鋪深處可放置有趣吸睛商品

DIY桌後面放了許多大型的多肉植物，其中包括名為「姚明」的大型仙人掌。因為尺寸大，很容易吸引顧客目光，因此把這些大型植物放置在店鋪的後方，目的在吸引客戶往店面後面走，帶動最後面三個櫃架的銷售。

純白與多彩的陳列遊戲

— X by Bluerider

「X by Bluerider」是由藝廊起家的Bluerider的延
伸店鋪，創辦人為經營藝術的多角面向，以隱喻無限
可能的「X」為店名發想，在2015年10月以集合藝
術創作、展覽、服飾、包款、飾品、日用品等歐美選
品的角度，企圖將藝術摻揉加入生活場域。店內的展
覽以藝術、生活與質感的體驗為定位，試圖跳脫純藝
術的哲學思考，並運用大膽、前衛帶有新鮮感的陳列
與顧客互動。

X by Bluerider

地址 / 電話
台北市大安區大安路一段 101 巷 10 號 1 樓 /
02-2752-7778
網 址
http://www.xbybluerider.com/
營 業 時 間
週一 ~ 週日 11:30~20:00
店 鋪 坪 數
50 坪
該 店 販 售 品 項
約 100 項

風格與陳列
的佈局

Style and Display
Arrangement

店門前露台擺放的雕塑作品非常顯眼，是執行長個人的
收藏，隨著觀看的角度不同，也會產生不同視覺效果，
許多顧客也是受到此件作品吸引，而走入店內。

舞台展演的陳列思考

　　剛開業在定義空間風格時，「X by Bluerider」將店鋪設定為「白盒子」的概念，利用純潔無瑕的色彩，形塑出具有空間中的藝廊氣質。而店頭的設計，則加入舞台的概念，要走進店內，需登上小台階，且右側也留出一塊展示區，行經店面時，需要微微抬頭，才能看見店鋪櫥窗，店頭露台的雕塑與櫥窗內的商品，也會讓行經的過客停下腳步。

　　因概念從「舞台」出發，必須讓台下的觀眾一目了然就能看見舞台上所表現的重點。因此，空間規劃則以縱向的軸線延伸，並搭配大面落地的透明櫥窗，強化整體空間的穿透性，此特點可加強顧客駐足的時間，產生好奇心想入內一窺究竟。

運用活動式平台與各異素材及道具，引導顧客走逛動線並突顯強打的商品。

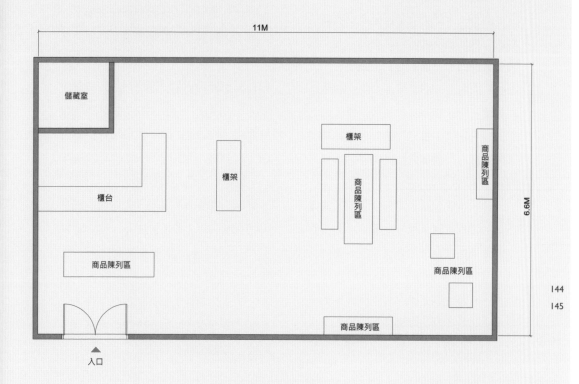

11M

儲藏室

櫃架

商品陳列區

櫃台

櫃架

商品陳列區

商品陳列區

商品陳列區

商品陳列區

6.6M

入口

144

145

B

店門口的展示桌比較像是前導的作用，桌面上會放置一些重點商品或文宣，讓顧客理解展覽（目前主推商品）的內容。

C

店鋪的後半部分也有販售部分飾品或生活小物，則會陳列於玻璃櫃架中展示。

以策展概念經營商品佈局

　　店內整體的區域規劃，則採取明確的主從關係，店鋪的前半區塊會以展覽的形式，陳列藝術家的創作商品。後半區塊則會陳列不分檔期的長銷選品。

　　由於店內每一個半月左右便會規畫新的展覽主題，陳列也會隨著改變，因此將展覽的區塊，設定在店鋪最明顯的前半段，較可以讓常常拜訪的回頭客有新鮮感。

　　店鋪的後段也會依隨展覽主題，改變商品的擺放位置。畢竟展覽會大幅影響空間佈局的樣貌，因此後半區的陳列方式，也會需要調整，以免整體空間不協調。主體也就是說，每次覽檔期的更換，全店的商品佈局與陳列就會跟著大改。為了不讓主題失焦，又能讓顧客感

受到商品的新鮮感，每次展覽商品的佈局與陳列，都需要事前提出企劃設計，雖然是大工程但這也是為了避免顧客對商品產生制式陳列的刻板印象。

　　整間店鋪皆是以展覽的方式去思考商品的陳列，因此店內除了櫃台之外，無任何固定陳列貨架，商品的陳列皆使用純白的活動式平台，變化組配出適合展覽空間的設計。展示台的組合也像是積木的搭建一樣，可高可低、或前或後，並無固定的應用標準。

　　然而，在陳列商品時，因店內的商品多帶有藝術、工藝品的定位，除非特殊案例，否則會盡量避免讓陳列的位置避免或過高，也鮮少會直接放在地板上。大多仍遵循著藝廊的陳列基準，以與視平線等高約150公分的高度呈現，符合一般觀看時的習慣。

展示平台上也會擺放品牌名稱，提供顧客參考。

Visual
Merchandising
Ideas

視覺行銷的
陳列心法

商品陳列容易犯的錯

① 商品陳列擋住動線，導致顧客習慣性避開某區，降低該區的銷售量。

② 冰冷的單品陳列時卻加入不必要的隔閡，產生太多的距離讓顧客無法親近。

③ 必須從商品本身的價值與特色出發，加入過多的陳列表現容易讓顧客迷失焦點。

146
147

給新手的陳列建議

① 商品的防護是優先考量，易碎或易損傷的商品必須採用更縝密思考擺放方式。

② 回歸商品的本質，可多運用不同素材或道具強調出屬於店內的個性。

③ 可多參觀他店或累積藝術美學，如何發展出店鋪的特色是重點。

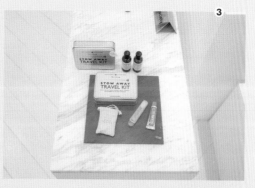

除了藝術品和精品，也有販售生活小物和相關配件。

法則097　壓克力板劃分空間效果

將三片壓克力板吊掛在空間中的左中右，藉此分隔出三個面。顧客便不會像無頭蒼蠅般地在空間中遊繞。為了引導顧客走近，刻意將橙色的壓克力板吊掛在空間中央，其鮮明的色彩，其實也具有吸引注意的作用。另兩片藍色壓克力其作用則是空間的阻擋，方便顧客意識到展覽的範圍。

法則098　以色彩提示商品位置

運用壓克力板變化隔間效果的優點在於機動性佳，也可變化不同的色彩趣味。吊掛於主打商品後方時，更可透過色彩襯托主題。由於空間以白色為主要基調，加入壓克力板後色彩，更有助於顧客的聚焦，非常顯眼。

黃金陳列區的技巧

Hot Zone Display

道具變化空間動線

　　店鋪的黃金陳列區為進入門口右手邊的主題展覽區。此處主要以藝術家的聯名商品或相關時尚設計商品為主，平均每一個半月就會更換展覽週期。由於X by Bluerider的店舖定位，是從藝術連結生活物件，藝術家設計的商品，不論商品的材質、造型或是概念，大多具有時尚、前衛的氣質，許多商品更是全台獨家，並沒有在市面上廣泛流通。因此將商品以展覽方式陳列，的確會讓顧客有欣賞展覽般的感受。而除了少數純藝術作品之外，其他主打時尚設計的商品，仍兼顧日常實用性。因此有許多顧客，在欣賞完展覽商品後，也會繞到後段選購。

法則099　角落擺放可提供欣賞的商品

此區的商品被放置在藍色壓克力板後方，遮擋了一塊藍色壓克力板，將服飾放置在大理石平台上，讓顧客走入此區可慢慢欣賞。且因壓克力板擋住櫃台視角，慢慢翻看T恤也不會有所壓力。

法則100　單一空間分出多個走逛區域

三片壓克力板圍塑出展覽中央空間，而繞過橙色壓克力板後的空間則陳列了T-shirt與色彩較輕的絲巾，壁面則展示著藝術家的作品。從展覽中央區穿越後，便可觀看後方商品。加入壓克力板的間隔，增加動線的複雜度，也有助於增加顧客停駐於此區的走逛時間。

Display
Key Points

聚焦陳列重點

法則101　平台堆聚表現豐富度
後方的商品陳列區，使用了六塊展示台，組拼出左右與前中後的高度層次。中央的區域分出低中高三個層次，左右兩側則搭配兩個長條展示台。讓展示台聚集在一起，表現出豐富度。

法則102　利用色彩與傾斜角度引導視線
由於展示平台積木皆為橫向的擺放，在商品陳列時可以微微傾斜擺放，讓視覺藉由擺放方向內集中，而不會零散錯亂。顏色較重的物件，統一盡量向中央集中，利用物件做出擺放時的隱性軸線，讓視覺效果更為安定。

法則103　穩定視覺並加入細節變化

此牆面擺放長銷型的包款，運用活動式夾板，在壁面加入星型的展示區塊，營造牆面上的隔間與層次感。商品的底部也搭配藍、橙色的壓克力藍壓力板，創造藍與橘間的色彩對比，藉以襯托上方放置的包包。而為了突顯每個包款的特色，會將其獨特設計之處刻意表現出來，如貨架最下層中項的包款，將其半面垂墜放置，顯現其可完整攤平的弧度設計與柔軟皮質。

法則104　藝術作品提升走逛樂趣

在店鋪最深處的牆面，特別設置了一個裝置藝術，用意是希望在空間中加入給顧客尋寶與驚奇的概念，讓顧客願意多走逛、多關注細節。同時，此區也特別將主打的單品（襯衫）鄰放於藝術品旁，加強藝術品帶動商品銷量的可能性。

強調視覺穿透的空間陳列
― Design Pin / 設計點

「DESIGN PIN 設計點」以「生活，可以設計點」的角度切入，嚴選台灣得獎的設計生活用品。在店中縮短生活與設計的遙遠距離。由於創立至今已近約6年時間，為了提供嶄新的風貌，設計點從品牌形象到空間規劃，皆全盤進行改造。邀請曾任南青山知名設計店IDÉE SHOP的採購的山田遊擔任店鋪空間改造與陳列的顧問，以「倉庫」做空間設計發想。使用儲藏室常見的穿孔鋼架搭配陳列。結合原木的材質，讓店內的設計商品，呈現出時代與工業風格融合氛圍。

152
153

Design Pin / 設計點

地址 / 電話
北市信義區光復南路 133 號松菸 1 樓 /
02-2745-8199#279

網 址
https://www.ec-designpin.com/tdm/about_us

營 業 時 間
週一 ~ 週日 9:30~17:30

店 鋪 坪 數
約 80 坪

該 店 販 售 品 項
約 1000 項

風格與陳列
的佈局

Style and Display
Arrangement

A

此區為快閃區，位於店頭的位置，通常會依情況調整陳列的品項。此區塊有時候也會連結文創園區內的展覽，販售相關展品。有時則會加入設計點選品，挑選一些未獲獎，但不錯的商品。如果販售一段時間後成績不錯，也會再把此區的商品調整至台灣新銳設計師的櫃架。

穿透式打造空間印象

　　為避免得獎設計品過於高高在上，起初規劃空間時，就以具穿透感的活動櫃架為整體構思的主軸。由於一般民眾常會認為設計商品多少帶有些許不食人間煙火的氣質，為了打破得獎作品總是高貴而冰冷的印象，開放穿透的空間設計，也暗示著顧客，可以觸碰商品，並透過陳列看見最具特色的一面。

　　由於設計點位於松山文創園區，建築為歷史建物，如何保存其原始風貌亦是重要任務之一。因此在空間氛圍的營造上，盡可能避免過多裝潢與厚重櫃架，保留空間上的留白與穿透，讓視覺焦點留給設計品，以發揮其特色。

　　因應販售的商品，店內的陳列區域，也規劃為「主題快閃區」、「台灣新銳設計師作品」、「經典得獎作品」、「文具生活日用品」以及「民生日用品」等大區塊。主題快閃區是店內唯一不以得獎品為入選標準的區域，而店中央則為「台灣新銳設計師作品」，店鋪右側的為「經典得獎作品」，左側則是「文具生活日用品」，店鋪最後方的空間，則以「DESIGN PIN 設計點」輔佐農委會或相關單位的「民生日用品」，或以觀光客愛的台灣茶具為主。

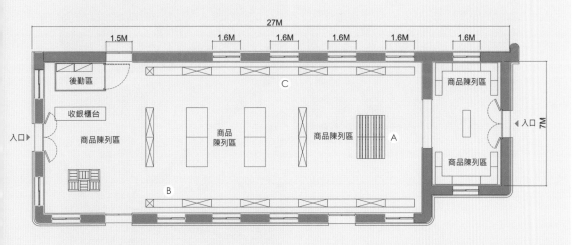

店鋪的右側，為經典設計師作品，主要是陳列較經典長銷的設計商品。

店鋪的左側則為文具禮品區，主攻價格相對較低的文具與3C商品。

集中擺放同類型商品，方便顧客參考挑選。

強調直覺吸睛的特色陳列

　　由於店址位於松菸倉庫的後方，顧客多數為無意間走逛而前往，其中85%更是國外觀光客。根據對觀光客的消費觀察，發現該客群最在乎的商品賣點，為是否獨特且有價值。因此，陳列時則必須盡可能做到展現商品特色、吸引顧客目光，或是讓顧客可親手觸碰等原則。像是會動的商品必須插電呈現、會亮的商品就要讓其發亮等，以最快的方式吸引顧客目光，才有可能吸引到這些來自世界各地的觀光客族群。

　　觀察顧客的走逛動線，顧客入店後多走向右方主題快閃區，並接著觀看右方的經典設計區，走到尾端後繞入後方的茶具區，最後延著左方的文具區與中央

櫃架的上方並加入燈光，讓空間中充滿明亮和穿透感。

的設計區，以S行的方式邊繞邊看。若最後沒有發現喜愛的商品，也可能會停留在文具區的第一個貨架，選購些低單的商品後走向櫃台結帳。也因此，最靠近櫃台的前幾個貨架，會多陳列一些單價低的商品，讓顧客在離去前，仍有可輕鬆入手的商品選擇。

Visual
Merchandising
Ideas

視覺行銷的
陳列心法

DESIGN
PIN

商品陳列容易犯的錯

① 商品分類無關聯性，易造成顧客選購上的不便。

② 若是強調生活感的店鋪，避免將商品擺放得太像藝術品，太過嚴謹、規矩會顯得太
冰冷有距離感。

給新手的陳列建議

① 選品時必須有自己的風格，小店在乎的是店長個性，必須清楚商店的定位。

② 別被動等顧客上門，必須經常舉辦獨特而有個性的活動吸引新客上門。

③ 多觀察、多學習，陳列是個專業的課題，唯有紮實做好功課才能展現實力。

④ 陳列時，夥伴間必須有共識，避免因人而異的陳列風格而影響整體。

法則105　設定正面，變化傾斜角度

雖然是穿透式的櫃架，但在陳列時也要先思考觀者會從哪個角度進行觀看。把預設的觀看角度當作是正面。而當想展現商品全貌時，擺放角度則可稍稍傾斜15度角。帶有斜角的陳列可以讓觀者看到更多的商品外貌，而不只是正面或側面的觀看。

法則106　提供商品案例供顧客參考

呈現商品特色是陳列重點，某些商品無法從外觀直接展現其特色，此時就要搭配相關案例，讓顧客理解商品的功能。像是紙相機因為無法提供試用，因此將拍攝出來的照片懸掛於旁邊，顧客可直接觀看成果。同時陳列商品的包裝，簡介以及內部構造，更能讓顧客加深對於商品的印象。

法則107　找到商品之間的相似度

雖然都是台灣設計選品，但因為空間有限，再加上商品之間的類型多元，有時也會發生商品之間無法從功能或材質進行連結的狀況。在進行各個層架佈局時，便只能盡可能連結顧客的使用需求，譬如具有裝飾性的小桌燈，周邊擺放的則是兼顧收納與擺飾的商品。試著從實用性或造型的相似度進行連結不同的商品陳列。

黃金陳列區
的技巧
Hot Zone Display

突顯商品設計造型的穿透陳列

　　店內的黃金陳列區為入口正中央的台灣新銳設計師專區，因為此區的櫃架是正面接觸顧客的區域，因此訴求商品的實用性或特色要夠強，讓顧客在視覺上能感覺新鮮、好奇。

　　由於整個櫃架都是設計點選品的台灣新銳設計師作品，因此商品的範圍與類型也相當多元。櫃架由上至下共分為四層。視平線高度的層板會優先陳列主推或熱賣商品，體積相對較大或重的商品則會放置在最下層。

　　由於商品的功能與類型各異，為了展現商品的特色，各個層架中也各有該區的思維邏輯。不過最主要的陳列原則還是避免擺放太過大件且實心的物品，這樣會遮擋到後方商品的呈現效果，失去穿透開放空間的意義。像是木頭的時鐘為較大面積且實心商品，則可擺放較下層的位置，因視覺角度關係，不會蓋住後方的物件，木頭飛機置於最下一層也是相同考量。

聚焦 陳列重點

法則108　運用棧板，變化機動性陳列

此區為機動性空間，利用棧板堆疊出平台陳列商品。讓後方的棧板較高，擺放高度稍低的商品；前方的棧板低，但可放置一些高度相對更高的小型桌椅。由於是利用棧板進行陳列，若有活動時，則會把棧板撤掉，將此塊空間改變為容納30～40人的活動座位場域。

法則109　透過立體陳列，增加朝氣

食品、伴手禮等商品，如在平台陳列時表現出立體感，會讓商品顯得更有朝氣。
平台上也可同時陳列不同造型的商品，增加陳列的多樣性與層次感。譬如將平台分成左中右三區，同時呈現包裝與內容物，再加入前後位置的差異，同時看到不同立體造型的商品陳列時，便能感覺活潑豐富的效果。

法則110　跳tone陳列的錯誤示範

通常商品的陳列自有一套邏輯，譬如依照功能、品牌與材質進行區分。但有時候也會因為商品售出後有空缺，臨時需要加入陳列。設計點的常總監解說，此處的陳列即為錯誤示範。同時呈現碗、燈具、以及皮包，就無法連結商品的功能或目的性。特別是這些設計商品，背後往往隱含了一些功能或設計上的特點。太過跳tone的陳列有時也會干擾顧客選購時的思緒。

法則111　單獨呈現美感夠強的商品

店內所販售的得獎設計作品，往往具有出色的造型。類似這種本身造型與美感非常強烈的商品，可以保留給它一個空間，不要讓其他商品干擾顧客的觀看，搭配合宜的燈光與空間氛圍，顧客自然能夠感受到商品的特殊性。

#藝術精品
#食品
#家飾
#家具
#生活用品
#服飾與配件
#清潔用品
#廚房用品
#圖書、文具

運用色彩延伸品味想像

— Fujin tree 352 HOME

從2012年開始，在民生社區周邊開立多家店鋪的富錦樹集團，漸漸地以它們自己的方式影響了原有社群生活與街道的想像。其中「Fujin tree 352 HOME」（簡稱富錦樹352），前身本是結合生活雜貨與journal standard Furniture家具的綜合選品店。經過多年深耕在地觀察發現，觀光客上門消費的比例漸增，大型家具較不便購買。在綜合考量下，集團決定將店鋪轉型經營，重新以女性家居選品的角度，作為品牌延伸。

162
163

Fujin tree 352 HOME

地址 / 電話
台北市松山區富錦街 352 號 /
02-2767-5196

網址
https://www.facebook.com/fujintree352home
營業時間
週一 ～ 週五 12:00~20:30 /
週六 ～ 週日 11:30~20:30

店鋪坪數
約 40 多坪

該店販售品項
約 180 項

風格與陳列
的佈局

Style and Display
Arrangement

純白的店舖空間，搭配的是平淡素雅的商品顏色。

掌握明確客群與店舖定位

重新蛻變後的352，將客層定位為30歲以上，對生活細節與品質在意的上班族女性。因此整體裝潢與空間的規劃上，都是以女性的角度出發。空間中必須帶有都會摩登感，但又不能太過冰冷，應讓人想親近入內走逛。

其中櫃台的位置以及左後方的大型裝置，是整體空間最先定調的區塊。面對大門的位置，可以清楚總覽店內的不同區域，也由於店鋪的空間較寬廣，並沒有複雜的動線，發現顧客對商品有任何疑惑時，都能夠快速方便地提供相關介紹與說明。

來到店內走逛時，也很難不注意到櫃台後方的白色圓柱裝置，造型取自女性愛用的「口紅」。遠看像是轉開的口紅套，為店鋪形塑出時髦女性的形象。夜晚打烊後，僅會留下招牌燈與該裝置內的嵌燈，讓行經的客人對店鋪產生好奇，想找時間上門逛逛。

店鋪採取潔白簡約的設計，視覺較不醒目，因此
會刻意將色彩鮮豔的商品放在店頭，引起過路客
的注意。

店頭前方留有一大塊的空間，目前傾向將之設定
為活動的備用區。需要進行特殊活動時，便可運
用此空間加入展示台或相關道具。

櫃台左後方的兩個圓柱造型裝飾，其實是設計師
從口紅所得到的靈感，由於此店鎖定女性族群，
因此將女性的意象加入，做為一種空間趣味。

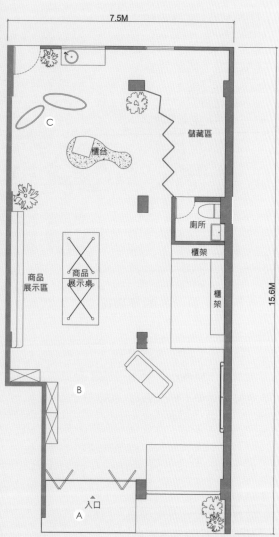

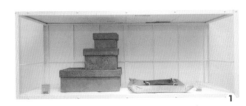

高低、大小、亮暗的平衡，在商品陳列時都需要加以考量。

壁面牆架的商品以小中大的方式，由上而下佈滿櫃架。

掌握色彩與材質的平衡感

而在著手空間規劃運用時，負責人向原綠（Midori）分享，她會先定調幾塊一定要有的大區域，大區域定調後，則再以整體空間的平衡感，去增減平台或陳列區塊所占用的空間。因352適逢定位調整的重新出發，陳列的規劃與分區尤其重要，也都會再密切觀察顧客的喜好與習慣，持續加入佈局或陳列區域的調整。

而空間中的分區，除了因應商品的屬性，有時也可透過色彩，引導顧客或製造氣氛。Midori認為色彩就是一種協助商品分區規劃的極佳方式。像在店頭左側的掛上販售的布毯類織品，打開門後便能讓路過的人群，欣賞到整面繽紛的布料。下方也擺放著多個彩色抱枕，訴求溫暖軟調的商品形象，不僅吸睛，也能夠快速地讓女性族群意識到店內的商品屬性。而明亮鮮豔的色彩，也具有開懷愉悅心理效果，這會讓人想要繼續向內走逛。色彩的魔法在於，顧客在空間外，便能接收到店鋪的氣質與定位，若愈往內走，愈能呼應色彩暗示的美好心情與感覺，就可以利用陳列與規劃上的小細節創造大迴響。

Visual
Merchandising
Ideas

視覺行銷的
陳列心法

Midori／負責人

商品陳列容易犯的錯

① 沒有思考到商品特色就直接陳列。像是強調柔軟的圍巾只需輕輕繞圈擺放就好，若扭緊收尾，顯現不出材質的柔軟與溫柔感。

② 將所有商品都陳列出來，畫面容易雜亂無章且失焦。

給新手的陳列建議

① 多嘗試、多擺放，靠著時間累積經驗。

② 陳列不可能一次到位，平日要多做功課，多參考其他店鋪、雜誌或網誌，定時紀錄蒐集靈感。

③ 顏色是替商品分類的方式之一，色調統一，會吸引顧客觀看。

3

大面積陳列布毯類商品，也能讓顧客更快速地了解到店鋪的女性定位。

法則112　插入大件商品，暗示商品分區

陳架的高度以女性的平均高度為考量標準，即便是最上方的商品也是女性伸手可碰觸的高度。三排的陳架可在其中再規劃區分不同區域，每個區塊可抓約一公尺的寬度，符合視線範圍內觀看的舒適間距。而在陳列商品時，可以在各個小區段的最開頭，擺放一個體積大的商品，就像是帶隊的隊長一樣。視覺上較有變化，也可達到類似隔間的效果。

法則113　小件商品加入陳列構圖變化

由於較低的貨架具有讓人好親近的視覺感，因此一般可把面積大的商品放下層，較有穩定與安全感。面積小的商品可放置最上以方便拿取。而從以整面貨架的視覺來說，最下層的陳列，還可再加入一些佈局與安排的設計，讓陳列更有看頭，上方則維持輕盈，減少視覺的壓迫感。

黃金陳列區
的技巧

Hot Zone Display

突顯工藝特色的簡約陳列

　　「Fujin tree 352 HOME」的黃金陳列區為面對大門口處的桌面展示區，以及左手邊陳列日本陶藝工藝的整面木櫃架。

　　桌面展示區的部分，以兩張透明玻璃桌組成。兩張桌子的高度都較為低矮，且加上玻璃桌面，讓平台加入有高度的通透性。前方的桌面傾向擺放新到貨，或是色彩較鮮豔的商品，後方的桌面則陳列日本工藝家的各類商品。

　　左側牆面的陳架，為固定的陳架，也是店內唯一的固定貨架。由於店鋪以女性家居用品為選物的出發點，在設定販售商品時考量到會有體積偏小的食器類商品，因此規劃在該處為陶器與食器商品的陳列區域。由於此區的商品，大多體積相對較小，以陳列法則來說，體積小的商品必須聚眾，透過集合的量感產生氣勢與力量。

法則0114　加入創意的陳列構圖
玻璃桌的前段，可以放置色彩較鮮豔的商品，讓陳列顯得有朝氣。採訪當日陳列的是有多種色彩的玻璃杯，由於色彩活潑，因此在陳列時便加入菱形的構圖，讓玻璃杯的色彩與大小交錯呈現。

法則115　迎合顧客的觀看方向
桌面的後半段，則再分出左右兩個觀看的視角，讓兩側的顧客都可以觀看到靠近自己方向的商品。考量顧客的行走動線，讓陳列配合顧客的視線。

法則116　運用商品原色做為空間裝飾

攤平色彩鮮豔的布毯織品商品時，能夠有效吸引顧客的目光，或空間中有大片的牆面，其實也可直接把商品本身的花色當作空間中的裝飾。而在搭配布料的裝飾時，也可以同時披掛多塊織品，運用布料的色系與圖紋，拼貼出抽象畫作般的效果。

法則117　拆分擺放重色商品

抱枕的造型與色彩大也鮮明,如果沒有沙發等家具時,並不容易搭配。Midori為了突顯繽紛的抱枕色彩,刻意將抱枕分散在兩個不同的區域,一是放在陳架上(視覺高),二是放在地面上(視覺低)。由於抱枕本身的色彩十分強烈,把強烈的色彩拆分陳列,一低一高的帶出整塊區域的平衡與一致感。將抱枕放地上呈現是從LA學回的技巧之一,較低的高度會讓顧客感覺好親近、想拿取,更有種呈現隨興、不拘謹的居家概念。

法則118　避免陳列色彩輕重不一

園藝類商品在陳列時入若想提升使用時的生活想像,可以搭配植物共同表現。如果空間條件允許的話,甚至可以將之陳列在靠近大門的地方。比較特別的是,由於本店的風格以白色為主要基調,不符合店鋪的色彩,因此在陳列色彩強烈的商品時,記得該捨就捨,不要全色都放。如上圖色彩最強的商品,統一放在最上層,深色的澆水壺更直接放置在櫃架旁的地面了,不要全放破壞畫面的一致性。

法則119　捲曲織品的塑型陳列

此區的長椅除為陳列平台外,亦是特別設定可讓顧客多作停留的隔道設置。為突顯圍巾的柔軟與花色,Midori以平放+捲曲的方式陳列圍巾,改變商品的固有印象,透過造型的趣味突顯另一種不同於懸掛的表現方式。

凝縮生活理念的
有機陳列學
— funfuntown / 放放堂

兩位負責人蕭光與王馨原本從事廣告工作，離開高壓
緊湊的職場環境後，兩人思考著把工作場域與生活經
驗結合的可能性，過程中也曾歷經咖啡店創業，2006
年則開立放放堂，以日常生活為出發點，精選國內外
的設計家具、DIY手作商品，以及生活雜貨。放放堂
非常強調物件使用與生活經驗的連結。店鋪的陳列用
心，力求讓物件自然彰顯其特色，整體規劃以營造自
在、舒服的氛圍為原則。

funfuntown / 放放堂

地址 / 電話
台北市松山區富錦街 359 巷 1 弄 2 號 /
02-2766-5916

網 址
http://funfuntown.com/

營 業 時 間
週三 ~ 週日 13:00~20:00

店 鋪 坪 數
25 坪

該 店 販 售 品 項
約 2~300 種

風格與陳列
的佈局

Style and Display
Arrangement

輕鬆的自在動線

蕭光分享，放放堂這個空間，不只是店鋪，這裡也是他與王馨的日常生活場域，所以在裝潢與陳列上，也強調單純自然的生活面貌，並不會因為選物店的定位，就刻意在空間裝潢與佈置上訴求奇觀或為設計而設計的表現。大原則會是以營造整體舒適的氛圍為主，環境若是舒適自在，商品自有其可說話空間予以發展。

蕭光／王馨表示，95%的客人進門後都會先往左走，進入店內的植栽區（此為機動區，陳列商品不定期會改變），此區塊陳列了許多顏色繽紛的單品，吸引客人駐足停留挑選。等顧客漸漸理解店鋪風格，心情放鬆後就會走入店內，再緩慢地往店內各處逛逛，並沒有刻意安排動線的引導。大原則就是店內的每一條走道需保持一定的舒暢與空間感。不以坪數績效為優先考量，讓客人能舒服自在，在店內待得愈久，愈有機會與時間和商品進行交流互動。

櫥窗擺放的商品，有助於讓路過顧客了解店鋪的風格。不過把大塊的櫥窗位置，都留給了盆栽植物，理由是此面向光，植物才好生長。由此也可見他們熱愛自由與自然的經營哲學。

12M

10M

書房區

櫃台

B

儲藏室

中島桌

中島桌

商品陳列區

C

A

商品陳列區

商品
陳
列
區

174

175

商品陳列區

入口

櫃台前方的桌面以杯、盤等實用生活物件為主。

店鋪右側則放置了多個桌櫃，多功能書桌則在桌面上加入黃銅文具的陳列，呼應辦公室的氣質。

從生活經驗取經陳列風格

　　店鋪販售的商品，可大略分為食器、家具、家飾、圖書、文具、花器、少量的玩具及DIY商品，陳列時主要依功能性以及生活經驗去進行想像。例如：食器的陳列，可能就會延伸到餐桌布置，接著漸漸帶入植栽與其他家飾品。從「食器」連接到「飲食」，連接到「餐桌」，然後進入居家生活的想像。

　　對放放堂來說，陳列並不是能夠樣版化的技法，而是出自內心對於美感的底蘊與環境的感受力。兩人希望顧客在放放堂感受到的，是不同生活場景的實踐，而不只是唯物的造型展示。店鋪的陳列，其實並不是完全的商業考量，反而很多是兩人多年生活經驗、喜好以及態度的體現。店鋪每三個月會大換一次陳列，但一天之內換個數次也是常態，只要覺得有更好的陳列方式或狀態，就稍加轉變看看，或許能撞擊出令人喜悅的結果。因此店內的樣貌，更可以像是植物一般，呈現出有機，也不斷變動的生命力。

除了生活雜貨，放放堂的多種設計燈具也是主力商品之一。

Visual
Merchandising
Ideas

視覺行銷的陳列心法

蕭光／掌主

王馨／掌姐

給新手的陳列建議

陳列須以心法出發，若刻意表現太多，會搶過商品的本身，蕭光與王馨非常重視商品背後的價值與原創性，若能直接認識設計師本人，多了解熟識，則更能替陳列做出更相近的氛圍與舒適環境，不流於僅有表面的風格設立。

琺瑯杯也是店內的熱銷商品之一。 **2**

造型獨特，結合手作和趣味氣質的商品也反映了店鋪的個性。 **3**

法則121　桌中桌的視覺變化

黃金陳列區整體以大長桌為主體，中段疊放入圓桌，除了增添其層次高度，更以圓形打散直長區塊的一條到底，畫面更具變化感。

法則120　以商品設計力吸引觀注

此吊燈是店內的人氣商品，很容易吸引顧客的好奇心，因而將之懸吊在正門口的陳列區，有助於開啟顧客主動詢問的第一步。店內不會過於殷勤向客人說明商品，但若察覺客人對商品有興趣，則為自然地靠近解說，多數客人在經由解說後，能更深入認識其背後故事，也會對商品產生情感連結。

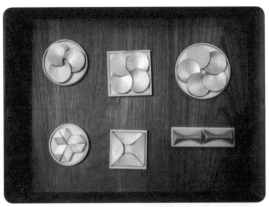

法則122　小型盒箱拓展桌面層次感

小型的箱盒不僅可以做為收納道具，也具有切割桌面佈局的效果。當商品的類型較多，在陳列上想變化商品風格或屬性時，便可以與盒箱搭配，暗示讀者此區塊陳列的商品，與前後商品不同，並製造高低起伏的立體層次感。溫潤暖色的木質，搭配黃銅餐具，也柔化了黃銅理性冷靜風貌的效果，在陳列中揉入更多生活感。

法則123　往上堆疊呈現造型美

將同系列花紋的各尺寸餐具重疊，是簡單且效果佳的陳列手法，可營造出不造作的層次感，同時也可讓客人清楚感受各尺寸大小相互搭配出的效果。

黃金陳列區
的技巧

Hot Zone Display

趣味主燈打亮，引入物件故事

從大門進入，正面迎來的長型桌區域即為店內的黃金陳列區。正對門口的長桌，延伸了視覺的景深與份量感，更重要的是，該區天花板上懸掛著由荷蘭與台灣設計師聯手打造的置物燈具，許多顧客會在此駐足欣賞。

因為是長桌，沿線是往內延伸，若只是將商品平鋪，就顯得太無趣且了無新意，因此在陳列時一定要運用前低後高的視覺基礎，前段的商品可以以平放為主，但在中段便可搭配木箱聚焦物件，後段則利用襯底或交疊的方式，提升陳列高度。當顧客一進門向內望去，則可清楚一覽桌面高低差異與重點商品。

其實此區塊並不是擺放最暢銷的單品，反而會陳列主推的品牌，希望這區擺放的都是能讓客人能多多沉澱的商品。一但觀察到顧客有需要，就會前往向顧客介紹商品的特點與故事。譬如廣受好評的置物燈具，許多顧客購買這個燈具後，還會再回來向蕭先生分享他們在裡面擺放了什麼東西。讓蕭光感到最開心的，就是這些因為自家商品，而散播的交流與情誼。這樣的感受是無法被金錢量化的，即便顧客離開時沒有任何消費，但對話與交流還是會在他們心中咀嚼消化，將來有需要的話，顧客還是有可能再次光臨。

聚焦 陳列重點

法則124 以燈光與主題變化氛圍

此區原為工作室，近年隨著工作習慣改變而打通成為商品陳列區。以文人書房為陳列概念，將單價高、需靜靜欣賞的家具商品，入駐小小空間中。利用天花板的3D燈與小木櫃內嵌入燈光，讓微黃光線訴說夜晚的嫻靜時光。同時，此區陳列商品也以文人的收藏品為概念，不會有其他生活類的商品混淆其核心主題。

法則125　大量陳列加深顧客印象

相同商品，但刻意變化不同的陳列方式，可以
有效吸引顧客的目光。特別是當商品色彩繽
紛，大量陳列時，更可呈現出強烈的量感，讓
顧客無法忽視。特別的是，因琺瑯杯為手工製
作，每個模樣會有約略差異，反放可更明確展
現色彩，也更便於客人挑選，回歸到商品面的
外型本貌。

法則126　DIY巧思，變化獨一無二陳列道具

陳列的重點是突顯商品特色，但
此款菇菇木頭磁鐵因為造型特
殊，試過多種陳列方式，都無法
呈現出商品特色。某天蕭光將其
吸附在自己DIY手作的鐵釘木塊
上，意外地營造出植物生長的意
味。有趣的是，此塊堂主手作的
陳列木台，反而多次被顧客詢問
此物是否有販賣。

#藝術精品
#食品
#家飾
#家具
#生活用品
#服飾與配件
#清潔用品
#廚房用品
#圖書‧文具

好照片是陳列氛圍的參考準則

─ Everyday ware&co

Everyday ware & co是由A ROOM MODEL和GROOVY兩間服飾品牌的老闆共同創立的生活選品店，店內選品偏向中性調性，除了生活雜貨、家具、香氛之外，也販售服飾。Everyday ware & co選物時對於商品的外型與包裝有一定的堅持，希望店內的每件商品都能提升生活中的美感品味。因此在規劃店面陳列時，店鋪的各個角落都可以看見充滿生活感的氛圍，思考陳列後的攝影效果，期待每個角落皆能拍出有感覺的照片。

Everyday ware & co

地　址
台北市中山區中山北路二段 20 巷 25 號 2 樓

電　話
02-2523-7224

網　址
http://www.everydayware.co/

營 業 時 間
週一～週日 14:00~20:00

店 鋪 坪 數
約 30 坪

該 店 販 售 品 項
約 300 ～ 350 項

風 格 與 陳 列
的 佈 局

Style and Display
Arrangement

善用大型道具製造聚焦重點

　　店址位於老舊公寓的二樓，整體風格定調為中性略帶粗獷的輪廓，多以低調的米白與木頭色做為陳列搭配，底色不超過三色，將主角留給商品做表現。店內最吸睛的是他們特別訂製的一個大型木造屋，因為造型大也特別，這個道具很自然地就吸引了顧客的好奇心，不需刻意的動線導覽，便成為視覺焦點所在，加入陳列後，更具有誘發顧客一窺究竟的視覺效果。

不斷變動分區佈局

　　店內販售品項包含生活用品、服飾、食器、香氛、保養品及少量的家具及文具，店鋪的選物標準，除了實用性，也考量商品外型與包裝的設計感，力求能讓客人一眼就被吸引。

　　店鋪平均半個月到一個月會變換陳列的方式與區域，並不會限制商品出現的位置，唯一的大原則則為商品的「功能性」。在陳列時並不會硬性區分出各個區塊的商品屬型，而是透過商品功能進行延伸，像是線香旁邊擺放的是香氛，共通點是以嗅覺為出發點，或在羊毛毯的旁邊則掛上服飾，延伸溫潤質感的商品特性，提供類似需求的顧客，更豐富的挑選品項。

1

強調各個局部的氛圍，不同角落都可以看見巧思和趣味。

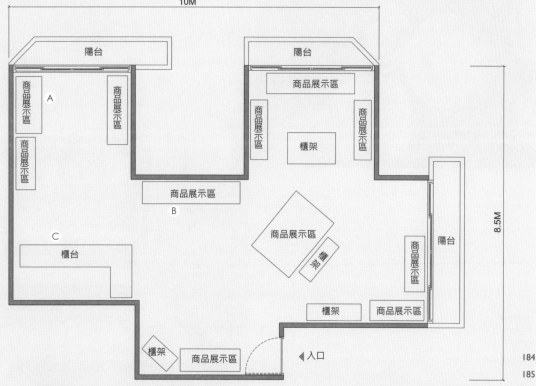

店鋪的左側以男人的房間為概念，加入床鋪與軍用櫃的陳列，模擬男性房間的氣質。

店鋪的中央，陳列了萬用毯與服飾，上方與下方也分別加入玻璃罐與置物籃。陳列的邏輯比較跳躍，但大致上仍是從居家生活的物件中表現氛圍。

櫃台維持簡單大方的風格，並沒有擺放多餘的加購小物，不過收銀機的造型非常特別，令人印象深刻。

2

布滿煙灰缸的桌面陳列。

3

運用洞洞板讓高處壁面的陳列也能具有裝飾性。

觀察顧客習慣，持續調整動線與陳列

由於店鋪的陳列具有豐富彈性，空間的運用也獲得更大的可能，因此更可考量顧客的習慣，適時地進行調度。舉例來說，有些商品若能讓客人多翻、多試對於銷售會更有幫助。因此，總是地毯和工具箱等擁有多種花色，且須翻開挑選的商品前方就會保留了較大的空間，以便顧客將商品攤開檢視。某些造型小，可以直接檢閱特徵的商品，則可依情況，放置在櫃架上。

不過店裡的伙伴也觀察到，每一位顧客的個性不盡相同，並不是所有顧客都會動手翻看商品，因此還是會利用不同的陳列法，盡可能讓商品展現不同面貌，盡量用視覺呈現商品的特色；某些主打商品，甚至可以讓它不斷地出現在不同區域，像是毛毯就會疊放、吊掛等多種方式呈現，突顯毛毯的造型與色彩，以相異的手法表現加深顧客的印象。

Visual
Merchandising
Ideas

視覺行銷的
陳列心法

Miao、慶淑／店員

給新手的陳列建議

① 先抓到店內的風格，後續進行陳列就會較簡單。

② 盡量放鬆多嘗試，以大物件先訂下陳列的基準，後續增添小物件營造氛圍。

③ 可以攝影的角度進行思考，陳列的區塊若拍照好看，基本上現場也會不錯。

④ 平時也要多涉獵相關書籍和網站，其他風格店家也能多做參考，隨時累積靈感。

左側的木箱其實也是商品之一，加入燈光效果後反而表現出類似裝置藝術的趣味。

法則127　突顯商品包裝的陳列法

此區香皂的每款包裝花色不同，因而採用平放呈現的陳列，方便顧客一覽美麗的包裝設計。為了表現出商品的質感，香皂與香皂之間會保留寬裕的空間，避免佈局顯得太過擁擠，不同尺寸的香皂更可以同時陳列，為整齊的畫面帶入小小變化。

法則128　容器收納高彩商品

同樣是香皂，但此處商品的顏色較亮且跳，直接放置桌面會顯得不和諧，因此運用一個白色小托盤，以立體堆放的方式，限制住多彩的顏色。上下堆疊，並加入方向性的變化，右側的空間並加入同樣是管狀造型的護手霜，圓盤中加入兩個三角形的佈局，在靜謐的一角，散發出色彩與方向性的張力。

黃金陳列區
的技巧

Hot Zone Display

以大型裝置道具變化陳列

　　Everyday ware & co的黃金陳列區就是整個空間中最顯眼的木造小屋，因其為穿透式的鏤空設計，內部不僅可以陳列商品，頂端的樑柱還可吊掛服飾、毛毯或是旗幟，很適合表現出多樣商品的繽紛感。木造屋內主要擺放主打商品，木屋的入口處放置了保養、香氛類商品。以香氣為出發點，從線香延伸至香氛產品，其中更穿插陳列透明藥罐，除了替桌面帶來變化，也示意顧客可將線香插入藥罐內佈置使用。

　　此區桌面陳列的商品體積都不大，且主攻女性客群，長桌上並分出許多小區間，加入利用方向、角度或高度的微調，讓視覺效果顯得活潑有變化。

法則129　吊掛填補視平線空缺
由於木造屋是鏤空的造型，所以除了桌面的陳列，上方的空間也可以拿來懸掛旗幟、圍裙或是包袋等輕薄商品。一方面可以增加空間中的裝飾性，另方面也可以在空間中加入壁掛陳列的效果。

法則130　辦別度高的商品，可收納於較低處
陳列時，也可運用色彩，帶出活潑質感。由於木屋長桌上方擺放的線香與香氛商品，色彩較簡單。因此桌面下方陳列了繽紛顏色的萬用毛毯。讓整體區塊不至於顯得太輕，彩度高的商品雖然搶眼，但因為被放在下層，也不至於干擾到上方的陳列。

聚焦 陳列重點

法則131　加入光線穿透的情境

在大型玻璃櫃中並沒有把商品放滿，
而是呼應材質特性，放置數個大小並
陳的玻璃罐。透過自然光線的映入，
在室內製造穿透明亮的感覺。

法則132　以自然光突顯氛圍

運用從落地窗映入的陽光營造出明亮輕
鬆的清新氛圍，並將商品直接陳列於地
上，引導顧客降低視線範圍。商品則收
納在工具箱中。一次排開不同造型的各
式提袋，提袋中再放置綠色植物或趣味
動物擺飾，同時呈現多件商品，卻也饒
富日常經驗的生活感。

法則133　集中擺放相近材質商品

木造屋後側的牆面使用洞洞板陳列工作圍裙周遭並放置毛毯與布鞋，讓棉質與布料類的商品互相集中陳列。布鞋的陳列則運用了老木椅加入高低差，微斜的鞋尖，與直擺木椅做出方向變化。襯墊在布鞋下的小毯，則具帶有橫向線條，玩味不同指向的趣味。

法則134　展示商品直接收納於櫃中

高價單、較易損傷的商品，則可展示於密閉的櫃架中，避免顧客因拿取觀看，而不小心造成損害。如果櫃架本身的造型感夠高，搭配整齊保留適當空間的陳列，就能簡單營造出商品的精緻感。

＃藝術精品
＃食品
＃家飾
＃家具
＃生活用品
＃服飾與配件
＃清潔用品
＃廚房用品
＃圖書、文具

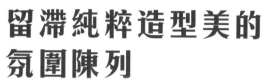

留滯純粹造型美的
氛圍陳列

── 古道具

開立於2013年底的「古道具」以其日文翻譯名：
「舊時的生活用品」為選品原則，提供老闆 Jin 親自
至日本、歐洲等古董、跳蚤市集蒐集而來的家具老
件。古道具的選物充滿了濃郁的日本思維，店內販售
的每一件商品，都可說是日本wabi-Sabi侘寂美學的
現代體現。有距離的陳列，成功地凝縮了老物件的造
型美，特別是著重於物件被使用後的殘缺與時代感，
多數物品皆為獨一無二，因而在規劃佈局時，也體現
出靜物畫作般的沉靜展示。

192
193

古道具

地址 / 電話
台北市大安區嘉興街 346 號 /
02-8732-5321

網 址
https://www.facebook.com/AntiqueDelicate
營 業 時 間
週一～週六：12:00 – 20:00 /
週日：12:00 – 19:00

店 鋪 坪 數
約 15 坪

該 店 販 售 品 項
約 250~300 項

風格與陳列
的佈局

Style and Display
Arrangement

店內的陳列完全考量視覺和氛圍呈現的效果，訴求純粹欣賞物品造型和材質的形式主義美學。

突顯商品造型美

古道具所販售的品項包括：食器、生活日用品、家具、工具、裝飾品、書籍與織品類。由於這些商品都具有年代感，為了突顯商品的美感，整體的空間佈局，並不以商品原本的功能性或材質進行區分。而是以整區的氛圍營造與美感為優先。

只要能夠表現出適合氛圍，店鋪中的每一件商品都可能相互搭配陳列。雖然看似複雜，不過基本大原則是，每一件商品的陳列，都要如藝術品般對待，避免過於擁擠、間距太密集的陳列方式，盡可能讓商品的上下前後左右擁有更多空間，觀賞者才能靜心觀賞其造型與美感韻味。

加入燈光與吊掛，變化空間層次

為避免空間干擾店鋪氛圍，空間裝潢上也以簡單、不過度裝飾為原則，牆面保留些許材質紋路，維持空間中既有的年代痕跡，並以寂靜的純白包圍。由於這個空間本來也是老房子進行改裝，因此在此空間中展售古道具，或也像是Jin對於侘寂美學的一種實踐。

特別的是，壁掛與吊掛則是Jin很重視的一部分。由於店鋪的天花板保留原本老屋的橫梁，上方的空間較為寬闊，因此Jin更大膽嘗試，在老房子的橫梁上加入可移動的軌道燈，利用燈光的變化並搭配較輕物件的吊掛，讓空間中呈現出上下均衡的視覺層次。

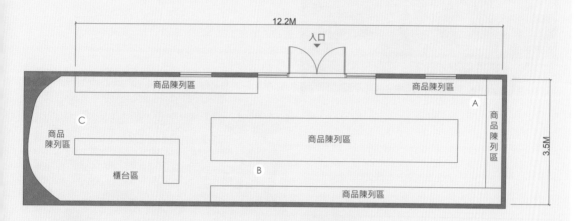

店內並沒有明確的商品分區規劃，所以無法從店鋪位置去，確認此區塊的商品類型。不過也因為店內的品項太多，有些顧客反而喜歡在意想不到的角落挖寶，在家具與家具之間的縫隙或是角落找到一些連店家都沒注意到的商品。

橫貫店中央的中島其實是利用了許多老家具作為展示桌面，也因為空間有限，因此店鋪一直以來都是維持著環狀的走逛動線。

店鋪的最右側擺放了許多陳列備用的家具與品項，每當有商品賣出時，店內的伙伴就會需要新調整陳列，因此會先將少部分商品暫放於此處，節省前往庫倉補充物件的時間。

每一個商品皆保留一定的空間，不會放得太近，雖然是陳列，但也帶有展示的氣質。

商品盡可能放在櫃架中，節省空間。

因為訴求造型美，所以店內的陳列也擺脫了實用性的邏輯，常能看見許多有趣的陳列設計。

以服務緩解走逛動線困擾

由於店鋪是一長型空間，加入家具後，其實可以走逛的空間有限。因此多數客人一進門，多先往左邊移動，依中島長桌移動，逛到牆面櫃架，以順時鐘的方式最後經過櫃台，返回店門。此外，也因為店鋪空間有限，櫃台的前空間也常被當作商品的暫存區使用。因此顧客的走逛動線常會受到其他顧客或是家具阻礙。針對這個問題，店鋪則透過奉茶，以親切細心的態度提供顧客服務。由於店鋪的商品來歷不一，更常有顧客需要介紹或協助尋找類似物件，主動積極的親切服務，著時緩解了走逛不順的問題。

Visual
Merchandising
Ideas

視覺行銷的
陳列心法

其峰／店長

玳慧／店員

商品陳列容易犯的錯

將材質或顏色相近的物件相互搭配陳列，結果商品反而融入背景中，無法突顯出來。

給新手的陳列建議

① 不需受限可多方嘗試，不知如何下手就先試擺，擺後再微調也是方法。

② 平時可多逛其他相關店家，逐漸累積實力與美感，陳列專業並非一蹴可幾，需要長
時間累積。

③ 可從小面積開始著手，像從小角落開始，逐漸再擴大到其他範圍。

法則136　運用盤櫃收納陳列

桌面擺放的物件並不多，細小的商品則可收納
於玻璃櫃中。櫃上可在擺放少量物件。而在
運用道具收納時，也需考量造型，像是運用相
同形狀的圓盤做為圓杯墊底，帶來圓中圓的趣
味，讓焦點更能鎖定於該範圍中，更易集中心
思觀看盤中物件。

法則135　前低後高的層次鋪陳

為讓桌子不過於平面，中島上會再利用木板、
玻璃櫃、木塊等材料堆疊出立體效果，從側面
觀察可以發現，商品的排列非常整齊，統一維
持前低後高的前後層次感。為每一個物件保留
相當的間距，創造藝術品般的欣賞效果。

黃金陳列區 的技巧

Hot Zone Display

多重風景集合的大量堆聚

店內的黃金陳列區也就是一進門，店鋪中央一排的中島區。店鋪的中島其實是由許多老家具所堆集起來的區域。因為位於店中央，走逛都圍繞著它。有許多顧客也會特別來此挑選老家具，可以說是很多顧客第一眼，就會看見的地方，也是許多顧客會特別來此尋寶，是最熱門的區塊。

橫貫全店的家具中島區，在靠近店門口的桌面，會陳列老闆最自豪的進貨商品。通常是單價偏高，較精緻的品項。這樣的陳列思考，是因為該區可說是全店的門面，特別是進門就會看見的桌面，因此必須將最有質感、造型特別的商品放置於該處，傳達店鋪的定位。且客群多為喜愛獨特商品的客人，價格不是唯一的考量，質感才是店面強打。

法則137　桌櫃檯面自成小小展台
由於中央的中島桌是由許多家具聚合而成，因空間有限，桌櫃家具的上面，還可以再陳列商品。商品除了收納在櫃架中，也會往上堆放，而不是橫向地擺滿整個桌面。也因為這樣，店內的各個角落，充滿了不同的層次與細節，雖然無法表現出純粹的整齊與簡約，不過在走逛欣賞時，也因為可以觀看的地方太多，而具有無數的可供發掘的觀看趣味。

法則138　變化燈光位置
由於燈光是固定在天花板木梁上的軌道，因此可以依照需求而平行移動，並調整燈光的高度。夜間將燈光打亮時，空間中便會充滿濃郁的黃色光暈。此法的優點在於可因應下方的擺設區與主打商品的不同，調整成最理想的位置打燈，同時也增加了古樸溫潤的空間情調。

聚焦 陳列重點

法則139　倚靠牆壁，展現立面裝飾

牆面陳列是節省空間的作法之一，將木板直
接釘於牆面，可結合壁掛與陳架的優點。特
別是具有特殊花紋或質地的盤器，透過倚牆
的立體效果，更可充分展現紋理特質。不過
在陳列時也須注意商品安全，選擇多以質量
穩重，不易翻碎的物件為主。

法則140　分層變化造型與陳列密度

在大櫃架中陳列商品時，可以商品質感或造型作為擺放的邏輯。譬如：體積由小→大，質量由輕→
重。放在層架下方的物品，通常多是較大型穩重的商品，上方則擺放輕巧好拿的物件，以便顧客拿取
觀看。其中又可再加入數量與造型的對比。與比如上層的陳列數量為三個，下層則擺放兩個；上層是
圓型，下層則加入傾斜角度。

法則141　加入背景色的跳色陳列法

當商品的色彩太接近空間背景色時,便無法讓顧客一眼發現到商品的特色。譬如:在淺色花瓶背後件是白色的牆面,此時就可以在花瓶後面加上一片木板,避免讓花瓶直接以白牆作為背景。運用道具,加入背景色的變化,就可以讓商品的色彩更為突顯。

法則142　特異造型商品提供更多空間

不規則的物品有時也是最難陳列的品項,如果不能收納在櫃中,就會受限於其獨特的造型而無法和諧地與其他周邊的商品一起呈現。如果硬要搭配,有時反而容易造成反效果,此時可以考慮,加入墊底,更加突顯其存在感,或提供給他更多的獨立空間,如放置在高處,使其獨立出來,讓顧客能夠更聚焦在其形體的獨特性。

#圖書、文具
#廚房用品
#清潔用品
#服飾與配件
#生活用品
#家具
#家飾
#食品
#藝術精品

輪轉各種情境的風格
蒙太奇

─ Design Butik / 集品文創

Design Butik，「集品文創」是一家主打北歐風格家具
及生活用品的設計商店，希望將北歐的生活方式及創意趣
味，帶給每一位追求生活品質的客戶。開業近4年以來，
陸續代理了多個北歐設計品牌。店內的品項非常多元，從
居家用品、餐具、家具、家飾、甚至是辦公文具都有。店
內商品皆是北歐選品，帶有俐落的造型，以及強烈的設計
感。來到Design Butik，除了欣賞產品本身的設計，如
何兼容多種設計風格，呈現居家氛圍的陳列，也有看頭！

202

203

Design Butik ／集品文創

地址 / 電話
台北市松山區民生東路五段 38 號 1 樓 /
02-2763-7388

網 址
www.designbutik.com.tw
營 業 時 間
(平日)10:30 ～ 20:00 ；(假日)10:00~20:00
店 鋪 坪 數
100 坪
該 店 販 售 品 項
約千項

風格與陳列
的佈局

Style and Display
Arrangement

以商品質感為前提的情境式陳列

　　走進Design Butik，可以看見透明落地玻璃櫥窗中陳列著居家氛圍的新品家具。一進門亦可看見以沙發區為主的陳列，店面右側主要陳列家具，左側則是陳列生活小物。櫥窗內並透過情境的搭建，陳列出家具、家飾與生活用品的變化，明確提示顧客店舖的商品性質。

　　整體動線呈現開放式設計，以大片白牆為店內主要背景色，各區塊間的走道間距保留足夠讓兩人擦身而過的舒適寬度。在規劃動線時並未期待客戶一定要如何走逛，而是希望顧客可以隨意走動，從映入眼簾的自然風陳列中，充分感受北歐設計的居家氛圍。

店門口櫥窗區主要放置新品跟沙發等大型家具；旁邊搭配淺色櫃架及一些生活雜物，暈黃的燈光營造出溫馨感，吸引客戶上門。

商品陳列區

商品陳列區

洗手間

商品陳列區

B 商品陳列區

櫃台

商品陳列區

商品陳列區

C

23M

8M

10M

入口

A

入口

緊鄰著 **Normann** 沙發區的是靠牆的廚房用品區；中間和右側彩色區按商品類別來陳列，同一商品多種顏色都排出來；左邊原木區擺設各類原木商品，下方則放庫存及大件的商品。

此區是店面最後段區域，由於天花板的高度相對稍低，且燈光較暗，會讓人疑惑是否該進去。此區有一張營造早餐情境的餐桌陳列，未來考慮將燈光及牆壁顏色改得更亮，讓此區看起來顯得更為活潑。

每一個角落，每一道牆面都可以看見店家用心的設計。

除了家具，店內也販售許多小型的生活用品。

店內光是桌面的陳列至少就擁有五種以上的情境變化。

店中店的情境展演

由於Design Butik的定位是shop in shop，店中店的概念，總監Eddie在規劃店內空間時，會先為每個品牌規劃出獨立的陳列區塊，希望顧客進入店舖後，可以在走逛的過程中，依序覽閱不同品牌的設計特質以及風格。而在進行佈局時，首先會設定該區域的視覺重心，把該品牌的大件家具先定位好，接著再擺上餐桌、櫃子及其他小用品，最後才去規劃區塊與區塊之間的行走動線。

每一區塊的陳列都以「營造情境氣氛」為主要訴求，希望讓顧客在店裡走逛時，能夠感受到商品所散發的氛圍，並從陳列中找到佈置的方式。店內主要分為左右兩室，以「品牌」為主要分區原則。除了家具之外，右室則陳列了多種廚房用品區、織品以及生活雜貨。左室則強調北歐設計品牌Hay的生活與家具相關商品。

Design Butik的許多客戶為設計專業族群，相當在乎商品設計的巧思、造型是否美觀、特色是否鮮明。因此在陳列時，傾向藉由「情境式的陳列」來模擬商品在生活中的樣貌，突顯商品質感，並讓客戶在走逛時能夠直觀地了解商品功能。

Visual
Merchandising
Ideas

視覺行銷的
陳列心法

Eddie ／總監・Tina ／公關

商品陳列容易犯的錯

① 硬塞東西、將商品陳列得過度擁擠，商品特色反而跳不出來。

② 畫面留白時，讓它全部一片白、不加任何點綴，讓整體陳列單調乏味。

③ 做生活風格的陳列時把商品擺得太整齊，反而失去「家」的氛圍。

④ 太久不更動商品陳列，造成客戶喪失新鮮感、不再光顧。

⑤ 擺放玻璃商品時，背景太雜亂，使得商品質感降低。

⑥ 將大量黃銅商品放在一起，造成失焦，體現不出特色。

給新手的陳列建議

① 要多看他人的陳列風格，自己多試、多調整，才會找到對味的風格。

② 陳列時畫面要適度留白，不要放得太滿，但可加些有顏色的小物作為點綴。

③ 同一商品有多種顏色時，儘量每種都擺一個出來，畫面看起來會較豐富。

④ 擺放商品時可按「色彩」或「功能」來分區，抑或兩種方式並用。

⑤ 白色的陶瓷通常要跟白色搭配，才能體現出潔淨感。

⑥ 陳列玻璃類商品時背景要保持乾淨，玻璃看起來才會有穿透的感覺。

⑦ 黃銅類商品大量擺在一起時會失焦，只能拿兩、三個來點綴。

⑧ 黃銅類商品適合跟大理石或原木桌擺放在一起。

⑨ 北歐風格的陳列講究留白，儘量讓陳列展現空間感，以體現出簡約風格。

⑩ 透明玻璃可搭淺色木面；噴砂、噴黑的玻璃可搭深色木面、桌面。

法則143　生活感的陳列模擬

店內的陳列，多以居家生活空間為陳列的情境。厚實深灰色的沙發為視覺焦點，但為了避免視覺感覺太重，故搭配米色地毯、黑白兩色為主的置物櫃及小几，中央並加入圓型小桌增加畫面中的柔和曲線。最後在沙發上在加入紅白兩色抱枕，桌面擺放雜誌與鮮花，營造出溫馨而有生活痕跡的客廳氛圍；由於情境營造得宜，旁邊搭配的燈飾也連帶牽動賣出好成績。

法則144　運用植栽延伸視覺深度

在原木長餐桌中線鋪滿了綠葉，讓視線呼應長桌造型左右來回。桌面中央擺上鮮花，做為最高點，桌上從中央往左右延伸，放置不同高度的玻璃杯、葡萄酒及果器，讓線性的視覺動線再加入高低左右的錯落，營造陳列的活潑氣氛。

黃金陳列區的技巧

Hot Zone Display

情境陳列提供顧客選配參考

店內的黃金陳列區有兩處，一是進門右側迎面的第一個Normann沙發區，以大器的深灰色大沙發為主要視覺焦點，米色地毯上放置著一大一小兩張素面小圓桌，圓桌上隨意擺放了雜誌、鮮黃瓶花等家飾物品，兩旁延伸同是黑白色系的方型小几及置物櫃，再打上溫柔的黃燈，營造出簡約舒適的家庭氛圍。

其次則是店中央斜放著的長木餐桌區則是另一銷售極佳的區塊，目前以「餐桌風情」為陳列主題；依然是情境式陳列，桌上不但陳列有透明玻璃材質為主的精緻餐具，還有葡萄酒、用白餐瓷呈裝的水果，並以鮮花和綠葉布滿整張餐桌中線，繽紛多元的意象，讓人直接聯想起與家人在戶外野餐時的愜意與熱鬧。

店員在陳列商品時，儘量會將商品擺放得高高低低的，讓商品有前後空間感，不要太水平、太一致，整體畫面看起來會較活潑吸引人。陳列時會先依功能來分區（例如廚房用品規為一類），再分顏色及分大小；同一商品擁有多種顏色時，會儘量每種都擺一個出來，以畫面變得較豐富，並讓人有動力去翻。

法則145　上下空間的材質呼應

由於桌面陳列著玻璃杯和酒瓶，桌面上方則可搭配同樣具有穿透性的燈飾，讓上下空間的視覺感受有所連結，也不會顯得上方有所空缺。

聚焦 陳列重點

法則146　留白突顯色彩與造型強烈商品

北歐陳列風格重視留白，但留白有時也是為了突顯重點。在造型簡單的淺色圓桌上，擺放多種顏色的幾何造型小托盤，留白的效果自然能讓商品更加突出。設計夠強的商品，陳列時不要加入過多干擾，讓其自然發聲即可。

法則147　透過燈光與商品色設定陳列情境

店內左右兩室各有一獨立小空間，分別以簡約的黑白兩色桌椅作為視覺主體，周邊搭配淺色小櫃架與文具小物，讓焦點集中在燈光與椅子之間的反差對比。空間中特別加入多層的燈光設計，運用光線的輕重和方向性，塑造出不同的氛圍。

法則148 有弧度的線性佈局

以餐敘聚會為陳列主題，配合純白餐瓷器皿，從燈光到陳列商品，力求呈現出明亮感。桌面上以純白餐瓷為主要器皿，從長桌側面觀看，可發現桌上器皿呈現有弧度的佈局，當視線由圖片左方看過去時，中央的商品陳列不會因為過度整齊而顯得呆版，並也具有前低後高的層次效果。

法則149 質感互補形塑陳列均衡感

利用暗紅色牆面為背景，放上沈穩的灰色碗盤餐具。當背景色與商品接待有厚實質地時，陳列的空間中便可再加入一些具有穿透性或質感細緻輕盈的物件，譬如高貴的透明玻璃花瓶、鮮花、水果、食物等點綴，食物使畫面鮮明生動，最後再放上一組安坐在鍛鐵燭台上的白蠟燭，加入燈光的渲染效果，呈現出傳統家庭晚宴的穩重溫馨氛圍。

透過陳列，品味生活情境的老件巡禮

── 達開想樂 / Deco Collect

「達開想樂」是一坐落於歷史建物內，主打印尼老件家具的複合型選品店。三層樓的老洋房設計，一樓主要陳列台灣文創品牌商品、二樓則是印尼與德國老件家具，三樓則為咖啡廳及展覽會場。試圖以老件融合現代生活，傳遞「老東西·新思維」的 lifestyle。每層樓主打的客層與訴求皆不相同，一樓強調輕鬆好走逛，二樓以情境式陳列為基礎，三樓則為展覽空間，保留空間調整運用上的可能。

212
213

達開想樂 / Deco Collect

地址 / 電話
台北市南京西路 251 號 /
02-2558-2251

網 址
https://goo.gl/oR2Ece
營 業 時 間
週一～週六 11:00~19:30　週日 11:00~18:00
店 鋪 坪 數
三層樓共 100 坪
(1 樓：20 坪 /2 樓：40 坪 /3 樓：40 坪)

風格與陳列
的佈局

多彩、軟調商品改變空間印象

　　由於一樓是直接接觸到顧客的前線，且因地點鄰近迪化街，許多年輕朋友與日本觀光客都常上門光顧。負責人Sophia在構思空間運用上時，便設定一樓以台灣文創設計師品牌為主，品項約可分為生活日用品、食器、家飾品、飾品、織品與少量織品。受限於老舊建物的限制，且需配合內部線路規劃，樓梯下方的櫃台處是最先被定調的區塊。其次依序是入口處直視靠牆面的櫃架，以及坐落在空間中央的長桌。

　　二樓則是主打的印尼老件家具，但因為印尼老家具的風格帶有微微的頹廢感，物件的整體色調也偏舊、偏暗，若整棟都以此色彩定調，會顯得太沉悶無活力。因此Sophia刻意在一樓的陳列中強調色彩，像是利用大面積的櫃架中陳列彩色抱枕，抱枕軟性的質感，也有助於柔化穩重的建築與家具氣質，透過商品色彩與材質的置入，增加空間的活潑度。

A

一樓空間主打台灣文創商品，雖然同樣帶有復古與老件的氣質，但陳列的邏輯會較著重於引導顧客注目，並認識商品。

B

二樓空間陳列的是較有個人概念，強調情境氛圍的各式家具陳列。空間中各自再分出許多小情境場域，並沒有固定的陳列模式或方法，基本上會依照Sophia個人的想法進行表現。

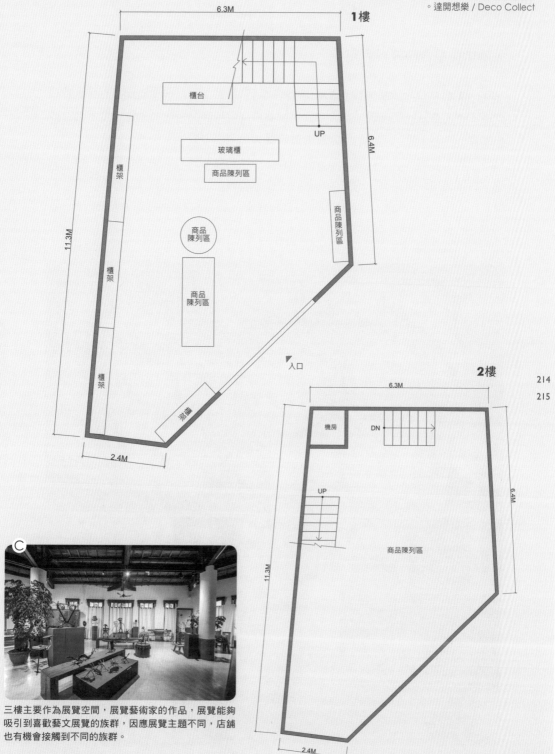

1樓

6.3M

櫃台

UP

玻璃櫃

商品陳列區

商品陳列區

商品
陳列區

商品
陳列區

櫃架

櫃架

櫃架

滑簷

11.3M

6.4M

2.4M

▼入口

2樓

6.3M

機房

DN

UP

商品陳列區

11.3M

6.4M

2.4M

三樓主要作為展覽空間，展覽藝術家的作品，展覽能夠吸引到喜歡藝文展覽的族群，因應展覽主題不同，店鋪也有機會接觸到不同的族群。

先歸納後整合的陳列表現

Sophia 認為在陳列商品時，可以「先歸納，後整合」。必須先對商品有深入的研究與了解，並且對其擁有相當的熱愛，接著再以呈現商品特色為原則，著手進行歸納整合。舉例來說，二樓一件印尼老件衣櫃，店主覺得其背面極美，為突顯其歷史紋路與實用可能，便將衣櫃背面面對顧客，以此為發想核心，延伸出整面的陳列表現，訂製掛勾吊掛物品、或加裝布簾等。在陳列時，先從商品特性的原點出發，歸納整合出商品的元素和藍色，因應特色去設計陳列才不會流於視覺表象而無內涵。

一樓和二樓的客廳定位不同，因此陳列的表現也有差異，一樓強調商品的色彩和造型，二樓則訴求情境氛圍。

Visual
Merchandising
Ideas

視覺行銷的陳列心法

商品陳列容易犯的錯

① 陳列時角色太旁觀，沒有設身處地將自己融入情境中，易發生陳列細節露出馬腳。

② 存貨若放置下方，仍要保持乾淨整潔，小地方也會影響顧客的觀感。

③ 什麼都想賣、都想擺，最後反而會失去焦點而失敗。

給新手的陳列建議

① 了解自家店的定位與市場，並觀察競業與其擁有資源，做出市場區隔。

② 多旅行增廣見聞，多擴大自我視野就能越趨突破。

③ 陳列的基礎是整齊，新手入門可從模仿開始，但長期還是要培養出自己的味道。

④ 陳列不只是畫面感，有時講求色香味俱全，陳列道具亦可使用有香味的物件，像是
香料搭配食器效果也不錯。

● **法則150　陳列情境，而非陳列物件**
此區塊的陳列起點與概念，就是衣櫃。為了突顯衣櫃背面的造型美。故利用衣櫃的背面當作情境式
陳列的視覺焦點。確立主體後，再逐漸往前鋪陳，落點出周邊的桌椅家具。形塑出一個類真實生活
的情境。由大到小，由後往前，便是陳列時的基礎概念。

法則151　加入生活使用習慣，再現真實情境
在情境中運用生活用品，可以讓畫面更有人
味。特別必須注意的細節為，搭配物件擺放
的方向必須朝內，因為在這個情境中生活的
人，是從內向外使用這些器具。許多陳列
者常犯的錯，是在陳列時太跳脫情境，從旁
觀者的角度進行。當情境陳列時，必須進入
使用者的角色中，才不會陷入此擺設盲點。
建議完成陳列後，裡裡外外多檢視幾次，微
調商品陳列角度和感受氛圍，才能減輕陳列
上的刻意與做作感。

法則152　軟調配件催化空間氣氛
加入軟調的配件。這是改變氛圍相
當重要的元素，能讓陳列由純粹的
賣場家具轉化為情境感的訴求，其
中也包含了材質、色彩甚至是造型
的對比或互補。舉例來說，店內的
歷史老件，如欲表現現代生活的氣
質，便可搭配活潑亮麗的顏色。抱
枕、絲巾、書本等配件都是可增添
氛圍變化的道具。

黃金陳列區
的技巧

Hot Zone Display

投射想像力的情境搭建

排除三樓的展覽空間，一二樓所陳列的商品，其實各自有其不同的客群與定位。由於店鋪常有國外觀光客參觀，因此一樓的主要客群，便是這些國外的觀光客。由於他們不大會購買大型的家具，因此一樓的陳列方法，便會比較思考商品的受歡迎度以及效益。特別是深具韻味、精緻小件的家飾與食器商品，較適合陳列於一樓。

二樓則是大大地跳脫了一樓的陳列邏輯。Sophia加入了更多個人品味與生活情境的想像，以氣氛與情境的表現為主要前提，每一個獨立的區塊都像是一種概念與心情的傳遞。

二樓會不定期依照Sophia想傳遞的生活概念來變換情境，以採訪當天為例，Sophia想營造的，便是帶有頹廢感的生活情境，她會利用店內的既有商品，搭建出整區的陳列。陳列完成後，並會必須經過多次的走逛，確認動線與擺放角度及位置，以避免陷入陳列盲點而不自知。

聚焦 陳列重點

法則153　店頭擺放大型、色彩鮮明商品

位於一樓的店頭的區域，是從外面最容易被觀看到的地方。因為此處等同於有櫥窗展示的意義因此陳列傾向以較繽紛閃亮的商品為主。因為從外向內眺望時，視覺落點其實會比一般平視的高度來的高，所以色彩亮眼的商品，可以擺放在櫃架的最上一層。此區塊也會擺放體積較大的商品，讓視覺更好辨識與注目，若放的商品體積偏小，從門外經過一眼掃過，會抓不到重點。

法則154　圖紋立放裝飾櫃架空間

以圖紋樣式為特色的商品，比起平台，更適合陳列在牆面。因此像是碗盤食器等商品，便可以搭配立架，以突顯餐盤上的圖紋，右上的藍色食器以架子立起陳列，以圓形的輪廓定調該區塊空間應用，前方搭配同圖紋杯具，做出前後景與形狀上的豐富層次。

法則155　加入背景對比色彩

此類色彩鮮豔的商品，如果只是純粹放在平台或視覺穿透性高的空間，鮮豔的色彩很容易會被背景吃掉。此時若能加入背景色，如放在櫃架中，或加入襯底的盤或台，便能讓色彩更為突顯。

法則156　經營視覺的平衡感

有情境的陳列有時也是一種主觀的直覺，其中包含了造型、色彩與材質的綜合表現。以上圖為例，試著從物件的造型去拆解陳列的元素，可以發現呈現出一種均衡且活潑的平衡感。即便不考慮色彩的和諧或對比，造型的多樣，便可讓觀看者感受到陳列層次的豐富。

法則157　前低後高的家具擺放

此區是一進門的右手區，幾乎等同於入口位置，是顧客剛踏入店內，以此認識商店風格的小區域。此處擺放的會是造型討喜的中小型家具與家飾品，並不會特別加入情境的設計。擺放的商品也會依照季節更替，讓陳列更具有符合季節性。擺放多個小家具時，也要注意顧客的動線，建議可從低至高，表現出節奏感，從低到高的擺放，也較不會遮擋到後方的商品。

風格小店陳列術

改變空間氛圍、營造消費情境，157種提高銷售的商品佈置法則

作者	La Vie 編輯部
責任編輯	葉承享
採訪編輯	楊喻婷、蔡蜜綺、盧心權
攝影	星辰映像、張藝霖、劉森湧
平面圖繪製	余侑恩
美術設計	林巧雲
內頁排版	唯翔工作室

發行人	何飛鵬
事業群總經理	李淑霞
副社長	林佳育
主編	張素雯
出版	城邦文化事業股份有限公司　麥浩斯出版
E-mail	cs@myhouselife.com.tw
地址	104 台北市中山區民生東路二段 141 號 6 樓
電話	02-2500-7578
發行	英屬蓋曼群島商家庭傳媒股份有限公司城邦分公司
地址	104 台北市中山區民生東路二段 141 號 6 樓
讀者服務專線	0800-020-299（09:30 ～ 12:00；13:30 ～ 17:00）
讀者服務傳真	02-2517-0999
讀者服務信箱	Email:service@cite.com.tw
劃撥帳號	1983-3516
劃撥戶名	英屬蓋曼群島商家庭傳媒股份有限公司城邦分公司
香港發行	城邦（香港）出版集團有限公司
地址	香港灣仔駱克道 193 號東超商業中心 1 樓
電話	852-2508-6231
傳真	852-2578-9337
馬新發行	城邦（馬新）出版集團 Cite（M）Sdn. Bhd.（458372U）
地址	11, Jalan 30D / 146, Desa Tasik, Sungai Besi, 57000 Kuala Lumpur, Malaysia
電話	603-90578822
傳真	603-90576622

總經銷	聯合發行股份有限公司
電話	02-29178022
傳真	02-29156275
印刷	凱林彩印股份有限公司
定價	新台幣 399 ／港幣 133

2019 年 6 月初版 8 刷　・Printed in Taiwan

ISBN：978-986-408-172-1

國家圖書館出版品預行編目資料

風格小店陳列術：改變空間氛圍、營造消費情境,157
種提高銷售的商品佈置法則 / La Vie編輯部作. -- 初
版. -- 臺北市：麥浩斯出版：家庭傳媒城邦分公司
發行, 2016.06
　　面；　公分

ISBN 978-986-408-172-1（平裝）

1.商店管理 2.商品展示

498　　　　　　　　　　　　　105008317